电工和电子技术实验教程

（第2版）

李燕民　温照方　主编

北京理工大学出版社
BEIJING INSTITUTE OF TECHNOLOGY PRESS

内 容 简 介

本书是与《电路和电子技术》（第 2 版）（上、下）、《电机与控制》（第 2 版）教材相配套的实验教程，是根据多年的实验教学经验编写而成的。本实验教材基本涵盖了"电工和电子技术"课程的全部实验内容。

本书共分为 5 章，分别为：电路原理实验、模拟电子技术实验、数字电路实验、变压器和电动机实验、控制实验。

本书可作为高等学校非电类本科生"电工和电子技术（电工学）"课程的实验教材，或供其他相关专业选用或参考。

图书在版编目（CIP）数据

电工和电子技术实验教程／李燕民，温照方主编. —2 版 . —北京：北京理工大学出版社，2011. 2（2020.1 重印）

ISBN 978-7-5640-4251-6

Ⅰ. ①电… Ⅱ. ①李… ②温… Ⅲ. ①电工技术-实验-高等学校-教材②电子技术-实验-高等学校-教材 Ⅳ. ①TM-33②TN-33

中国版本图书馆 CIP 数据核字（2011）第 013830 号

出版发行／北京理工大学出版社

社　　址／北京市海淀区中关村南大街 5 号

邮　　编／100081

电　　话／（010）68914775（办公室）　68944990（批销中心）　68911084（读者服务部）

网　　址／http：//www.bitpress.com.cn

经　　销／全国各地新华书店

印　　刷／三河市天利华印刷装订有限公司

开　　本／787 毫米×1092 毫米　1/16

印　　张／12.25

字　　数／281 千字

版　　次／2011 年 2 月第 2 版　　2020 年 1 月第 9 次印刷

定　　价／28.00 元

责任校对／周瑞红

责任印制／边心超

图书出现印装质量问题，本社负责调换

前　言

本教程是"电工和电子技术"课程的实验教材,是与《电路和电子技术》(第2版)(上、下)、《电机与控制》(第2版)教材相配套的实验教材。

《电工和电子技术实验教程》第1版经过几年的使用,有些实验内容和方法需要进行修订;随着时间的推移,实验中使用的仿真及设计软件也需要进行升级。鉴于以上原因我们对这本实验教程进行了改版。《电工和电子技术实验教程》(第2版)保留了第1版的框架结构,但在第1版的基础上,进行了以下修订。

(1)增加了部分综合实验的内容,如电阻、电感、电容元件性能研究的综合实验。实验中除使用了普通的碳膜电阻作分压、限流外,还结合保险电阻、光敏电阻等构成一个完整的实验内容,使学生对电阻等元器件的分类及其在电路中作用的认识上升到新的层次。另外,随着我国绿色照明工程的实施,目前在很多场合已将电感镇流器更换为电子镇流器,在实验附录中增加了电子镇流器介绍,并制作了配套的实验装置,在学生实验中进行演示。

(2)对所更新的仪器设备的使用方法进行了说明,仍按实验内容的需要将其作为附录安排在相应的实验内容之后。由于篇幅有限,只对仪器设备在实验中所用到的功能及其使用方法加以介绍。

(3)对目前实验中使用的仿真及设计软件进行了升级,在可编程逻辑器件的实验中将开发软件从 MAX+PLUS II 改为 Quartus II;在实验教程的附录 E 中,将仿真软件 Multisim V7 升级为 Multisim V10;在实验教程的附录 F 中,将编程软件从 STEP 7–Micro /WIN 32 升级为 STEP 7– Micro/WIN V4.0,并对高版本增加的功能进行了适当的说明。

(4)删除了部分实验内容和一些冗长的叙述,精简了篇幅。如在可编程逻辑器件实验中去掉了实验仿真结果和 VHDL 语言程序的参考答案;鉴于电工电子实验学时有限,在电力电子技术实验中去掉了 MOSFET 和 IGBT 器件参数测试的实验内容,而保留了晶闸管在可控整流、交流调压方面的应用等。

(5)加强了对学生实验基本技能的训练。在实验内容中加强了对常用电工仪表、电子仪器正确使用方法的训练,例如在实验电工测量中,学生除测量电压、电流外,还要求学生利用示波器，按三种方法测量函数发生器输出的正弦波和方波波形及其参数。

（6）对实验教程第 1 版中出现的个别错误参数和不够严谨的部分作了修正，如将某些实验内容、步骤等进行了调整。

参与编写本教程的老师有：许建华、高玄怡、吴仲、叶勤、王勇、姜明。李燕民、温照方担任主编，负责全书的统稿。郜志峰、张振玲等老师在本书第 2 版修订过程中提出了许多宝贵的意见和建议，在此表示衷心的感谢！

由于编者的水平和能力有限，第 2 版书中难免存在一些疏漏和错误之处，恳请读者及同行们批评指正，不吝赐教，以便今后加以改进。

联系方式：liymbj@sina.com，wenzhaofang@sina.com.

编 者

实验课须知

为了保证实验课达到预期的目的，每次实验学生应做到以下几方面。

1. 实验预习

（1）认真阅读实验指导书，了解实验的目的、内容、有关理论知识以及为达到实验目的所采取的步骤、方法和所需测量的数据。

（2）根据实验指导书的要求，计算出实验被测数据的理论值，做到实验时心中有"数"。

（3）实验前应写好实验预习报告，其格式可与实验报告相同。

（4）实验前先要认真阅读有关附录，了解实验设备、仪器、仪表的性能、额定值及其使用方法。

2. 实验操作

（1）根据实验要求连接线路后，本组同学先互相检查，经教师允许后方可接通电源。

（2）实验进行中应正确操作，准确读取数据，测绘波形曲线，分析实验结果，达到实验目的的要求。

（3）测试完毕后，应断开电源，但不要急于拆线。要对所测数据或曲线进行检查，判断其是否正确及有无遗漏，然后请教师在预习报告上签字，经教师同意后方可拆除线路。

（4）完成实验后应按要求整理实验台。

3. 实验总结报告

实验总结报告是由实践到认识的重要环节。学生应根据实验总结要求整理实验原始记录，在预习报告上填写实验结果数据或者绘制曲线，并按要求写出分析与总结。书写实验报告时要认真，字迹工整。

4. 实验课规则

（1）不得无故旷课、迟到或早退。

（2）进入实验室后应自觉遵守实验室的各项规定，服从指导教师的指导。

（3）爱护仪器仪表、设备及工具等。如在实验中损坏仪表或设备，应立即向指导老师如实说明情况。如系违反操作规程而损坏设备，须自觉做出书面检查，教师根据情节轻重按照学校有关规定处理。

（4）自觉维护实验室的环境卫生，不得携带任何食物，严禁大声喧哗、打闹。

5. 实验安全操作规定

进行强电实验时，必须严格遵守下述规定，违反者取消其实验资格。

（1）未经教师允许，不得通电。

（2）接通电源前，要告之同组同学。

（3）经教师检查通过的实验线路，实验中不得自行拆改。实验结束拆除线路时，务必断开电源,严禁带电操作。

(4)接线要牢固、可靠,避免脱线造成事故。

(5)实验时要严肃认真,精神集中。讨论问题时应断开电源。

(6)当遇到触电及其他事故时,要立即切断电源,并报告教师及时处理。

(7)实验过程中,如出现发热、发光、声音、气味等异常现象,应立即切断电源,并报告指导教师检查故障原因。

实验报告书写格式

实验名称＿＿＿＿＿＿

班级＿＿＿＿＿＿　　实验者＿＿＿＿＿＿　　学号＿＿＿＿＿

同组人＿＿＿＿＿　　教师批阅＿＿＿＿＿＿

一、实验目的

二、实验仪器和设备

三、实验内容及要求

　　包括实验项目、实验电路图、实验数据(数据表格或测试结果、曲线)。

四、总结要求

注:实验报告应使用 16 开专用实验报告纸按上列格式正规书写。

目　　录

第1章

电路原理实验

实验 1.1   电 工 测 量

1. 实验目的

（1）掌握直流电压、电位、电流及电阻的测量方法。

（2）学习直流稳压电源、功率函数发生器及示波器的使用方法。

（3）初步学会使用仪表检查电路故障的方法。

2. 实验预习要求

（1）复习教材中电压、电位、叠加原理及电流源的有关章节。

（2）计算表 1.1.1 中电压、电位和表 1.1.2 中电流的理论值。

（3）在图 1.1.1 中，每个电源单独作用或两个电源共同作用时，电路应如何连接？

（4）阅读本实验附录中有关仪器、仪表的使用方法和书后附录 A 中测量误差的介绍。

3. 实验仪器和设备

序号	名 称	型 号	数 量
1	电路原理实验箱	TPE–DG1IBIT	1 台
2	可跟踪直流稳压电源	SS3323	1 台
3	数字式万用表	VC9802A+	1 块
4	双通道函数发生器	DG 1022	1 台
5	数字示波器	DS1052E	1 台

4. 实验内容及要求

（1）电压和电位的测量。

◇ 按图 1.1.1 所示连接电路。S_1、S_2 为双刀双掷开关，若需要将电源接入电路时，则把开关置于电源侧；若不需要将电源接入电路，则只要把开关置于短路侧即可。电路中电阻元件和双刀双掷开关由电路实验板提供，电动势 E_1、E_2 由可跟踪直流稳压电源分别供给。

◇ 将 S_1、S_2 置于短路侧，然后打开稳压电源，用万用表监测（应选择直流电压挡的合适量程），调节稳压电源的输出幅值旋钮，使 $E_1 = 15\,V$，$E_2 = 18\,V$。

◇ 将 S_1、S_2 置于电源侧，两路电源即接入电路。此时用万用表再次测量 E_1、E_2，若不符合规定数值（$E_1 = 15\,V$，$E_2 = 18\,V$），则应再作细微的调整。其原因是由于稳压电源为实际电源，其内阻不为 0，故空载和负载时输出电压可能会有所不同。

◇ 按表 1.1.1 的要求用万用表直流电压挡测量电位和电压，请根据理论值选择合适的量程。

◇ 按表 1.1.1 的要求进行测量，并将测量值记入表 1.1.1 中。

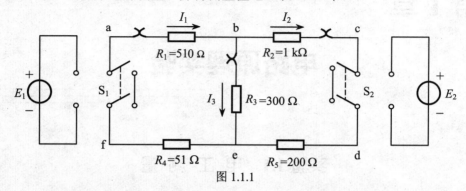

图 1.1.1

注意：① 当 **SS3323** 型稳压电源输出电压时，电流调节旋钮不能置于零位（即左旋到底），
否则接入负载后，易使稳压电源的输出处于保护状态（即输出电压为 **0**）。

② 测量电位时应将万用表的黑表笔置于参考点处，红表笔置于测量点处。

③ 记录数据时应同时记录电位、电压的 "+"、"-" 号。

表 1.1.1   V

测量内容 / 参考点		电 位						电 压		
		V_a	V_b	V_c	V_d	V_e	V_f	U_{ab}	U_{de}	U_{ef}
以 a 为参考点	理论值									
	测量值									
以 e 为参考点	理论值									
	测量值									

（2）电流的测量（验证叠加原理）。

◇ 电流表的连接方法：在电工实验中，测量电流时，通常都不把电流表固定地接在电路中，电流表在电路中的连接方法如图 1.1.2 所示。这种方法既能做到用一块电流表测量多个支路电流，又能在一定程度上减少仪表的损坏。虚线部分表示接入电流表的位置，用 " ✗ " 形符号表示。

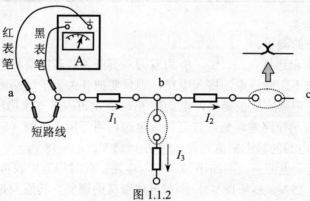

图 1.1.2

◇ 电流的测量步骤如下：设电流 I_1、I_2 的参考方向是从左向右。测量电流时，取出原来连接两点的短路线，电流的流入点与电流表的"+"端连接，流出点与电流表的"−"端连接。测量完毕，取出电流表，并接回短路线。

◇ 按表 1.1.2 中给定的条件，测量图 1.1.3 电路中各支路电流的数值，并记入表 1.1.2 中。各支路电流的参考方向如图 1.1.3 所示。

表 1.1.2 A

测　量　条　件	I_1		I_2		I_3	
E_1、E_2 共同作用 产生的电流 I	理论值		理论值		理论值	
	测量值		测量值		测量值	
E_1 单独作用 产生的电流 I'	理论值		理论值		理论值	
	测量值		测量值		测量值	
E_2 单独作用 产生的电流 I''	理论值		理论值		理论值	
	测量值		测量值		测量值	
验证叠加原理 计算 $I = I' + I''$						

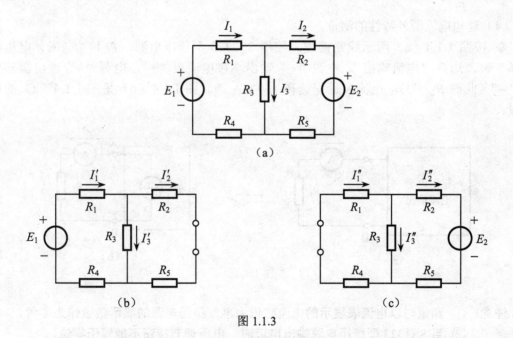

（a）

（b）　　　　　　　　　　（c）

图 1.1.3

注意：① 用电流表测量时，应根据预习时计算的理论值，选择合适的量程。
　　　② 记录电流数据时，应同时记录测量值的"+"、"−"符号。

测量电流时，若数字电流表指示正值，说明实际方向与参考方向相同；若数字电流表指示负值，说明实际方向与参考方向相反，所以在记录的电流测量数据前应同时记录其"+"、"–"号。

（3）电阻的测量。

◇ 按表 1.1.3 的要求，从电路实验板上选取相应的电阻，并利用万用表欧姆挡进行测量。

◇ 根据电阻的标称值，选择合适的电阻挡位进行测量，将测量的阻值及测量时选用的电阻挡位记入表 1.1.3 中。

注意：① 用万用表测量电阻时，禁止带电测量，即电阻上不得有万用表之外的电源作用，否则极易损坏万用表。

② 测量完毕要将万用表的挡位调至交流电压最大挡。

表 1.1.3

电 阻		测量时选用的电阻挡位
标称值	测量值	
30 Ω		
200 Ω		
1 kΩ		

（4）理想电流源外特性的测量。

◇ 按图 1.1.4（a）所示线路接线。使用 SS3323 型稳压电源，按下"电流、电压输出选择"键，选择"电流输出"。电源"+"输出端接电流表"+"，电源"–"输出端接电流表"–"（此时 $R_L = 0$），电流表量程选择 150 mA 挡。图 1.1.4（b）是图 1.1.4（a）的电路模型。

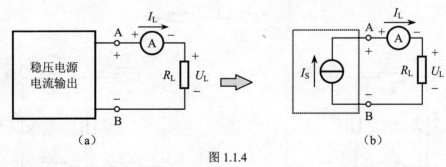

（a）　　　　　　　　　　　　　　　　　（b）
图 1.1.4

注意：① 测量时以电流表显示的电流数值为准，稳压电源的显示数值作为参考。

② 当 SS3323 型稳压电源输出电流时，电压调节旋钮不能置于零位。

◇ 先令 $R_L = 0$，改变 SS3323 型稳压电源的电流调节旋钮，取 $I_L = 5 \sim 15$ mA 之间某值，并保持稳压电源电流调节旋钮的位置不变，将 I_L 的数值记入表 1.1.4 中。

表 1.1.4

R_L/Ω	0	10	30	51	100	200
I_L/mA						
U_L/V	0					

◇　按表 1.1.4 要求选用 R_L 的不同阻值，测量电流 I_L 和电压 U_L，并记入表 1.1.4 中。

（5）函数发生器及示波器使用方法的练习。

① 测量正弦波信号的频率和峰–峰值。

（a）仪器的功能选择和连接。

调节 DG1022 型双通道函数发生器（亦可称为"信号发生器"）的相应旋钮，选择输出波形为正弦波信号，其频率为 $f = 1$ kHz，电压的峰–峰值为 $U_{opp} = 3$ V。将此信号送入 DS1052E 数字示波器的 CH1 通道，即示波器红表笔接函数发生器的"+"输出端子，示波器黑表笔接函数发生器的"–"输出端子（这种将仪器的"–"端子接在一起的接法称为"共地"）。

（b）测量方法。

调节 DS1052E 数字示波器的相应旋钮（应根据信号频率选择适当的扫描频率，还要根据波形幅值大小调整示波器的相应旋钮），使正弦信号在屏幕上显示出两个周期，且波形稳定。下面介绍 3 种测量波形的频率和幅值的方法。

◇　利用示波器的刻度测量。读出被测波形一个周期的水平距离所占格数，乘以示波器屏幕下方水平刻度单位 Time 的数值，即为该信号的周期 T，周期的倒数即为该信号的频率 f，将测量结果记录于表 1.1.5 中。

读出被测波形峰底到峰顶所占格数，乘以示波器屏幕左下方垂直刻度单位 CH1 或 CH2 的数值，即为该信号的峰–峰值 U_{opp}，将测量结果记录于表 1.1.5 中。

◇　利用示波器的自动测量功能。按"MEASURE"键，显示自动测量菜单，按 5 号灰键，将全部测量打开，则示波器上显示波形的所有参数。将测量结果记录于表 1.1.5 中。

*◇　利用示波器的光标测量功能（*表示选做）。以光标手动方式为例，按键操作顺序为：CURSOR→光标模式→手动"；再选择光标类型：根据需要测量的参数分别选择 X 或 Y 光标。按键操作顺序为：光标类型→ X 或 Y，则测出的 ΔX 即为波形的周期 T，ΔY 即为波形的峰–峰值 U_{opp}。将测量结果记录于表 1.1.5 中。

表 1.1.5

波形 (标出周期和幅值)	刻度测量法		自动测量法		*光标测量法	
	周期 T （格数×时间）	峰–峰值 U_{opp} （格数×电压）	频率 f	U_{opp}	$T(\Delta X)$	$U_{opp}(\Delta Y)$

（c）改变参数测量正弦波信号的频率和峰–峰值。

调节 DG1022 型双通道函数发生器的旋钮，使正弦波信号的频率 $f = 3$ kHz，峰–峰值 $U_{opp} = 4$ V。测量方法同（b），将测量结果记录于表 1.1.6 中。

表 1.1.6

波形 (标出周期和幅值)	刻度测量法		自动测量法		*光标测量法	
	周期 T （格数 × 时间）	峰–峰值 U_{opp} （格数 × 电压）	频率 f	U_{opp}	$T(\Delta X)$	$U_{opp}(\Delta Y)$

② 测量方波信号的频率和峰–峰值。

选择双通道函数发生器的输出波形为方波信号，调整其频率为 $f = 1.5$ kHz，电压峰–峰值为 $U_{opp} = 3$ V，用示波器测量方波信号的频率和峰–峰值。测量方法同正弦波实验（b），将测量结果记录于表 1.1.7 中。

表 1.1.7

波形 (标出周期和幅值)	刻度测量法		自动测量法		*光标测量法	
	周期 T （格数 × 时间）	峰–峰值 U_{opp} （格数 × 电压）	频率 f	U_{opp}	$T(\Delta X)$	$U_{opp}(\Delta Y)$

5. 实验总结要求

（1）根据实验数据，总结电位和电压的关系，说明参考点对电位和电压的影响。

（2）根据表 1.1.2 中电流的测量值，验证叠加原理和 KCL。将验证叠加原理的计算结果填入表格 1.1.2 中，验证 KCL 的计算结果填入表格 1.1.8 中。

表 1.1.8

条　　件	E_1、E_2 共同作用	E_1 单独作用	E_2 单独作用
验证 KCL			

（3）画出理想电流源外特性曲线 $I = f(U)$，并总结其特点。

（4）在图 1.1.1 中，若测得电压 $U_{ae} = 15$ V，$U_{be} = 15$ V，试判断该电路可能发生了什么故障，并分析故障产生的原因。

附录 1.1.1　TPE-DG1IBIT 型电路原理实验箱元件分布图

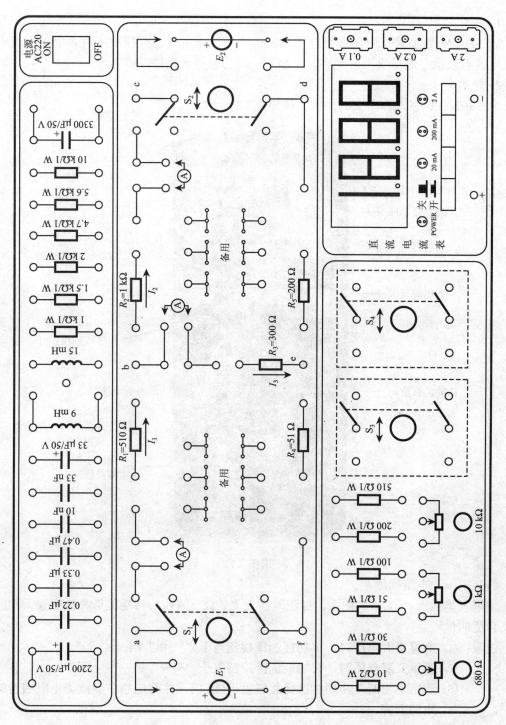

附图 1.1.1

附录 1.1.2　VC9802A+ 型数字式万用表

1. 功能

VC9802A+数字式万用表具有以下功能：测量直流电压、交流电压有效值，直流电流、交流电流有效值；测量电阻、电容、二极管、三极管等元器件的参数。

2. 使用方法

VC9802A+数字式万用表的面板如附图 1.1.2 所示。

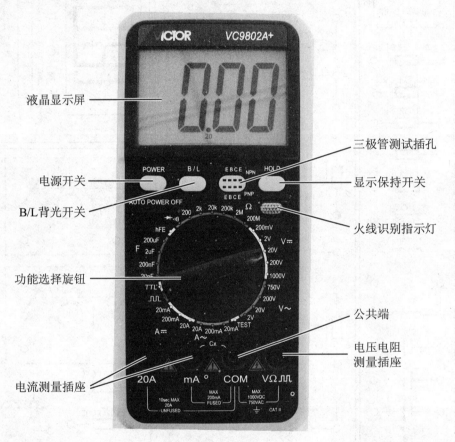

附图 1.1.2

（1）电压、电阻的测量。

将黑表笔插入"COM"插孔，红表笔插入"V Ω"插孔，将功能选择旋钮置于相应的挡位及合适的量程。

注意：① 测量直流电压时，将功能选择旋钮置于"V ⎓ "挡；

② 测量交流电压时，将功能选择旋钮置于"V～"挡；

③ 测量电阻时，将功能选择旋钮置于 Ω 挡，并将电路中与被测电阻相连的其他电源断开。

（2）电流的测量。

将黑表笔插入"COM"插孔，当测量最大值为 200 mA 以下电流时，红表笔插入"mA"插孔；当测量 20 A 以下的电流时，红表笔插入"20 A"插孔。并将功能选择旋钮置于相应的挡位及合适的量程。

注意：① 测直流电流时，将功能选择旋钮置于"A⎓"挡；

② 测交流电流时，将功能选择旋钮置于"A～"挡。

（3）二极管的性能测试及电路的连通性测试。

◇ 二极管的性能测试。将黑表笔插入"COM"插孔，红表笔插入"VΩ"插孔（红表笔极性为内部电源"+"），将功能选择旋钮置于"➤◂•))"挡，并将表笔连接到待测二极管。

● 若二极管的正、负极性已知，当万用表红表笔接到二极管的正极、黑表笔接到二极管的负极时，则万用表 LCD 液晶显示器上的读数，即为二极管正向电阻的近似值。

● 若二极管的正、负极性未知，则应对二极管分别进行两次不同极性的测量，较大的电阻测量值为二极管反向电阻的近似值，较小的电阻测量值为二极管正向电阻的近似值。此时，与万用表红表笔相连接的一端为二极管的正极。

◇ 利用蜂鸣器进行电路的连通性测试。将表笔连接到待测电路的两端，如果两端之间电阻的阻值小于 70 Ω，内置蜂鸣器将会发出声音。

（4）晶体三极管电流放大系数 h_{FE} 的测试。

◇ 将功能选择旋钮置"hFE"量程。

◇ 确定三极管是 NPN 或 PNP 型，将其基极 B、发射极 E 和集电极 C 分别插入面板上相应的插孔。

◇ 显示器上将显示电流放大系数 h_{FE} 的近似值。

（5）电容容量的测试。

将量程开关置于电容"F"的合适量程上，将测试表笔插入"COM"和"mA"插座中。

注意："COM"对应于电容正极 ⊕ 接红色表笔，"mA"端对应于电容负极接黑色表笔。

3. 注意事项

（1）若被测电压、电流值未知，使用前应将功能选择旋钮置于最大量程并逐渐下调。

（2）若显示器只显示"1"，表示被测电量超过量程，功能选择旋钮应置于更高量程。

（3）红、黑表笔应插在符合测量要求的插孔内，并保证接触良好。两表笔的绝缘层应完好。

（4）严禁功能选择旋钮在测量电压或电流的过程中改变挡位，以防止损坏仪表。

（5）为防止电击，测量公共端"COM"和大地"⏚"之间电位差不得超过 1 000 V。

（6）被测电压高于直流 60 V 或交流 30 V（有效值）时，均应注意防止触电！

（7）若液晶屏显示符号"▱"时，说明电池电量不足，应及时更换电池。

（8）万用表使用后应关闭电源，并将功能选择旋钮置于交流电压"V ～"的最高挡。

附录 1.1.3　SS3323 型可跟踪直流稳压电源

1. 电源功能

（1）具有稳压、稳流两种输出方式，且连续可调。CH1/ CH2 输出电压调节范围为 0～32 V，输出电流调节范围为 0～3 A。CH3 输出电压为 3～6 V，输出电流最大为 3 A。

（2）稳压/稳流两种工作方式可随负载的变化自动切换。两路或多路输出可自动实现串、并联工作，使输出电压、电流达到额定输出的两倍。

（3）设有 OUTPUT 输出开关，可在非输出的状态下，按负载所需调节输出电压或电流值，然后再输出到负载端。

（4）具有独立输出和跟踪输出（CH2 输出电压跟踪 CH1 输出）两种模式。

2. 电源面板主要功能介绍

SS3323 型稳压电源面板各旋钮功能如附图 1.1.3.1 所示。

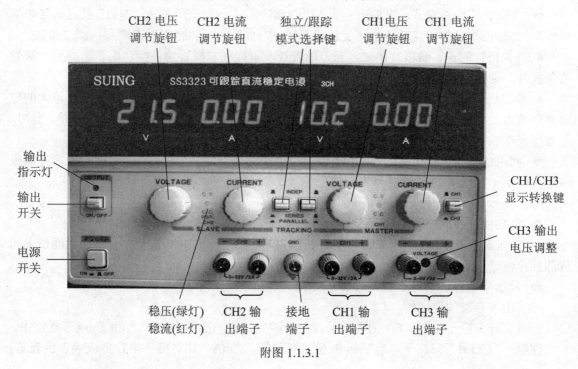

附图 1.1.3.1

3. 使用说明（以独立输出操作模式为例）

（1）按下电源开关，确认"OUTPUT"输出开关处于关断（OFF）状态。

（2）同时将两个"TRACKING"选择按键抬起，将电源设定在独立输出模式。

（3）调节其电压（电流）旋钮至所需的电压（电流）值，顺时针旋转为增大。

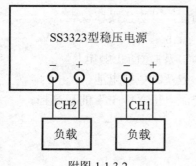

附图 1.1.3.2

注意：① 当电源输出电压时，电流调节旋钮不得置于零位（即不能左旋到底）。
② 当电源输出电流时，电压调节旋钮不得置于零位（即不能左旋到底）。

（4）用导线将电源输出正确连接到负载（注意正/负极性），按下输出开关至"ON"状态。独立输出模式接线如附图 1.1.3.2 所示。

（5）CH3 输出端可提供 3～6 V 直流电压及 3 A 的电流。

（6）SS3323 型可跟踪直流稳压电源还具有串联跟踪输出模式、并联跟踪输出模式等输出方式，具体操作方法可参见说明书。

附录 1.1.4 DG1022 型双通道函数发生器

DG1022 双通道函数/任意波形发生器可输出 5 种基本波形，内置 48 种任意波形；输出信号频率范围：正弦波，1 μHz～20 MHz；方波，1 μHz～5 MHz；锯齿波，1 μHz～150 kHz；脉冲波，500 μHz～3 MHz；幅度范围（CH1）：2 mV$_{PP}$～10 V$_{PP}$（50 Ω），4 mV$_{PP}$～20 V$_{PP}$（高阻）。DG1022 双通道函数/任意波形发生器还可连接和控制 PA1011 功率放大器，将信号放大后输出。

DG1022 双通道函数发生器面板如附图 1.1.4.1 所示。

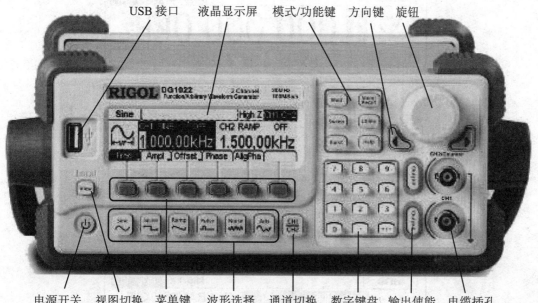

附图 1.1.4.1

例：输出正弦波。

输出一个频率为 1 kHz，幅值为 5 V$_{PP}$，偏移量为 0 mV$_{DC}$，初始相位为 0°的正弦波形。

1. 设置波形及其频率值

（1）按"Sine"按键，波形图标变为正弦信号，并在状态区左侧出现"Sine"字样，则选择的波形为正弦波。同样，使用"Square""Ramp""Pulse""Noise""Arb"按键，可以选择方波、锯齿波、脉冲波、噪声波、任意波等波形。

（2）按"频率/周期"软键切换，软键菜单"频率"反色显示。

（3）使用数字键盘输入"1"；或使用左右方向键，用于数值不同数位的切换；使用旋钮也可以输入"1"，旋钮的输入范围是 0～9，旋转顺时针一格，数值增 1。

（4）选择单位"kHz"，则设置频率为 1 kHz。

2. 设置幅值

（1）按"幅值/高电平"软键切换，软键菜单"幅值"反色显示。

（2）使用数字键盘输入"5"，选择单位"V$_{PP}$"，设置幅值为 5 V$_{PP}$。

3. 设置偏移量

（1）按"偏移/低电平" 软键切换，软键菜单"偏移"反色显示。

（2）使用数字键盘输入"0"，选择单位"mV$_{DC}$"，设置偏移量为 0 mV$_{DC}$。

4. 设置相位

（1）按"相位"软键使其反色显示。

（2）使用数字键盘输入"0"，选择单位"°"，设置初始相位为 0°。

上述设置完成后使用"View"键切换视图，使波形显示在单通道常规模式（见附图 1.1.4.2），单通道图形模式（见附图 1.1.4.3），双通道常规模式（见附图 1.1.4.4）之间切换。

附图 1.1.4.2

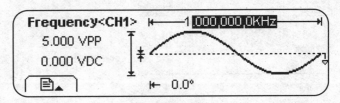

附图 1.1.4.3

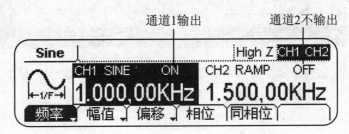

附图 1.1.4.4

5. 启用或禁用输出信号

前面板右侧有两个"Output"输出按键，用于启用或禁用输出信号。已按下"Output"键的通道显示"ON"，且键灯被点亮，并在界面显示出来。如附图 1.1.4.4 所示。

6. 附件：功率放大器模块 PA1011

当负载需要较大电流信号输入时，函数发生器需要配合功率放大器一起输出，功率放大器输出最大功率为 10 W。前面板如附图 1.1.4.5 所示。

附图 1.1.4.5

状态指示灯显示如下。

Power：红灯亮，表示电源接通。

Output：绿灯亮，表示信号输出。

Link：黄灯亮，表示 USB 连接成功；黄灯闪烁，表示过流保护报警。此时，应断开负载连接，关闭功率模块电源。当重新开启功率模块时则输出恢复。

附录 1.1.5　DS1052E 型数字示波器

DS1052E 型示波器是一种双通道、带宽为 50 MHz 的数字示波器。具有 16 个数字通道和高清晰的液晶显示系统。

DS1052E 型示波器为用户提供简单而功能明晰的面板（见附图 1.1.5.1），以方便进行操作。面板上包括多个旋钮和功能按键：显示屏右侧的一列 5 个灰色按键为菜单操作键（自上而下定义为 1～5 号），利用这些按键，可以设置当前菜单的不同选项。"↻"为多功能旋钮，用此旋钮选择各子项。

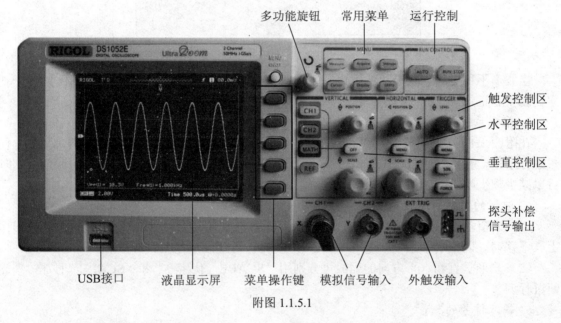

附图 1.1.5.1

本附录将按功能分块介绍 DS1052E 型示波器的基本使用方法。

1. 运行控制

（1）自动设置（AUTO）：自动设定示波器各项控制值，以产生适宜观察的波形显示。

DS1052E 型数字示波器具有自动设置的功能。根据输入的信号，可自动调整电压倍率、时基、以及触发方式至最好形态显示。自动设置方式的使用方法如下。

◇ 将被测信号连接到信号输入通道。

◇ 按下"AUTO"按钮，示波器将自动设置垂直、水平和触发控制等。如需要，可手工调整这些控制，使波形显示达到最佳。

（2）运行/停止（RUN/STOP）：运行或停止波形采样。

2. 信号触发

按触发控制区的"MENU"键，显示如附图 1.1.5.2 菜单，如果只用 CH1 通道，则菜单下的"信源"选择 CH1 触发；如果用两路通道同时测量时，选用大信号的通道作为触发信源。如附图 1.1.5.2 所示。

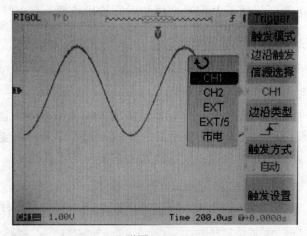

附图 1.1.5.2

当波形不稳定时，调节"触发电平"旋钮，使示波器上得到一个稳定的波形，以便于观察、测量和记录。

3. 采样系统

在附图 1.1.5.4 中，按下"Acquire"按钮，弹出采样设置菜单。选择菜单下的"平均"模式进行采集，在这种模式下，示波器采集几个波形，将它们平均，然后显示最终波形。这时可以减少随机噪声，使波形清晰。采集次数可以通过菜单的选项进行调整。

4. 波形的定位和缩放

（1）调整垂直系统中的"POSITION"旋钮，可分别使 CH1 和 CH2 通道所显示的波形作上、下移动。调整水平系统中"POSITION"旋钮，可使波形作左、右移动。

（2）波形垂直和水平方向的缩放可分别用"SCALE（伏/格）"和"SCALE（秒/格）"旋钮进行调节。

5. 输入信号的测量

测量输入信号时，通常有刻度测量、自动测量、光标测量等几种方法。

（1）刻度测量。

采用刻度测量的方法能快速、直观地对波形的幅值、周期等参数进行近似测量。以附图 1.1.5.3 为例：波形的峰-峰值占 6 个格，垂直刻度单位为 1 V/ 格，则其峰-峰值电压为

$$6 \text{ 格} \times 1 \text{ V/ 格} = 6 \text{ V}$$

探头选择：按下"CH1"按钮，示波器显示如附图 1.1.5.3 所示，按下如附图 1.1.5.1 所示"菜单操作键"中的 3 号键，即可将探头设置为"1×"。

注：示波器探头衰减的出厂默认值为 10×，示波器探头衰减比例要与示波器输入通道的衰减比例相同。

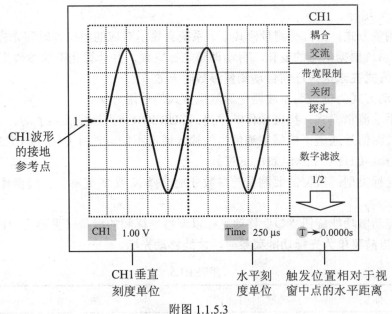

附图 1.1.5.3

（2）自动测量（MEASURE）。

"MENU"控制区如附图 1.1.5.4 所示，按"Measure"自动测量功能键，系统显示自动测量操作菜单，显示界面如附图 1.1.5.5 所示。示波器具有 20 种自动测量功能。包括峰-峰值、最大值、最小值、幅值、平均值、频率、周期、上升时间、下降时间、占空比、脉宽等的测量，共 10 种电压测量和 10 种时间测量。

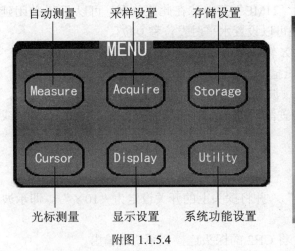

附图 1.1.5.4

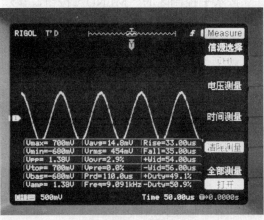

附图 1.1.5.5

（3）光标测量（CURSOR）。

光标测量模式允许用户通过移动光标进行测量。光标测量分为以下 3 种方式。

◈　手动方式：光标 X 或 Y 方式成对出现，并可手动调整光标的间距。显示的读数即为测量的电压或时间值。当使用光标测量模式时，须先将信号源设定成所要测量的波形。

◈　追踪方式：水平与垂直光标交叉构成"十"字光标。"十"字光标自动定位在波形上，通过旋动多功能旋钮"↻"，可以调整"十"字光标在波形上的水平位置，示波器可同时显示光标点的 X/Y 坐标。

◆ 自动测量方式：在自动测量模式下，系统会显示对应的电压或时间光标，以揭示测量的物理意义。系统根据信号的变化，自动调整光标位置，并计算相应的参数值。

注：此种方式在未选择任何自动测量参数时无效。

以下以手动方式为例说明示波器光标测量方式的使用方法。

① 选择手动测量模式：按键操作顺序为：CURSOR→光标模式→手动。

② 选择被测信号通道：根据被测信号的输入通道不同，选择 CH1 或 CH2。按键操作顺序为：信源选择→CH1/CH2/MATH（FFT）。

③ 选择光标类型：根据需要测量的参数分别选择 X 或 Y 光标。按键操作顺序为：光标类型→X 或 Y。

④ 通过旋动多功能旋钮 "↻" 移动光标以调整光标间的增量（见附表 1.1.5）。

注：只有当前菜单为光标功能菜单时，才能移动光标。

附表 1.1.5

光　　标	增量	操　　作
光标 A（Cur A）	X Y	旋动多功能旋钮 "↻"，使光标 A 左右移动 旋动多功能旋钮 "↻"，使光标 A 上下移动
光标 B（Cur B）	X Y	旋动多功能旋钮 "↻"，使光标 B 左右移动 旋动多功能旋钮 "↻"，使光标 B 上下移动

6. Y–T、X–Y 方式

按水平控制区的 "MENU" 按钮，显示 "TIME" 菜单。在此菜单下，可以开启/关闭延迟扫描或切换 Y–T、X–Y 和 ROLL 模式，还可以设置水平触发位移复位。

Y–T 方式：此方式下 Y 轴表示电压量，X 轴表示时间量。

X–Y 方式：此方式下 X 轴表示 CH1 电压量，Y 轴表示 CH2 电压量。

ROLL 滚动方式：当仪器进入滚动模式，波形自右向左滚动刷新显示。在滚动模式中，波形水平位移和触发控制不起作用。一旦设置滚动模式，时基控制应设定在 500 ms/div 或更慢。

附：X–Y 功能的应用

（1）将探头菜单衰减比例设定为 "10×"，并将探头上的开关设定为 "10×"。即示波器菜单倍率与探头倍率一致。

（2）将 CH1 的探头连接至系统的输入，将 CH2 的探头连接至系统的输出。

（3）若通道未被显示，则按下 CH1 和 CH2 菜单按钮。

（4）按下自动设置（AUTO）按钮。

（5）调整垂直 "SCALE" 旋钮使两路信号显示的幅值相等。

（6）按下水平控制区的 "MENU" 菜单按钮以调出水平控制菜单。

（7）按下时基菜单框按钮以选择 X–Y。示波器将以李沙育（Lissajous）图形模式显示系统的输入、输出特征。

（8）调整垂直"SCALE"、垂直"POSITION"和水平"SCALE"旋钮使波形达到最佳效果。

实验 1.2　戴维宁定理

1. 实验目的
（1）加强对戴维宁定理的理解。
（2）学习测量二端网络等效电阻的方法。
2. 实验预习要求
（1）复习利用戴维宁定理求解电路的方法和步骤。
（2）计算表 1.2.1 和表 1.2.2 中的理论值。
3. 实验仪器和设备

序号	名　　称	型　　号	数　量
1	电路原理实验箱	TPE–DG1IBIT	1 台
2	可跟踪直流稳压电源	SS3323	1 台
3	数字式万用表	VC9802A+	1 块

4. 实验原理

本实验所用电路如图 1.2.1 所示。将电阻 R_3 视为负载，而将其他部分电路视为一个有源二端网络。利用戴维宁定理将该有源二端网络等效为一个恒压源 E 和一个电阻 R_0 的串联，如图 1.2.2 所示。其等效过程如下。

（1）将图 1.2.1 中电阻 R_3 开路，形成 b、e 两点之间开路的有源二端网络。

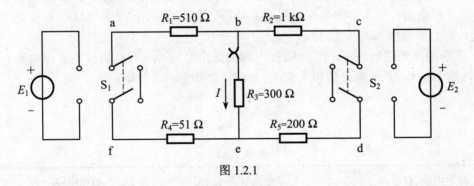

图 1.2.1

（2）图 1.2.2 中电动势 E 为该有源二端网络的开路电压 U_{OC}，即 $E = U_{OC} = U_{beo}$。

（3）图 1.2.2 中电阻 R_0 为将该有源二端网络除源后，从 b、e 两点之间看去的等效电阻，即将图 1.2.1 中开关 S_1 和 S_2 置于短路位置，构成图 1.2.3 所示电路，故有 $R_0 = R_{beo}$。

（4）在图 1.2.1 中和图 1.2.2 中测得的负载电流应相等，即 $I = I'$。（由于实验操作、读数误差等原因，均可能在实验中造成一定的误差。）

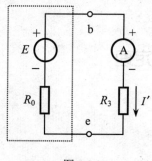

图 1.2.2

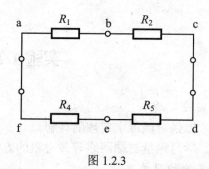

图 1.2.3

5. 实验内容及要求

（1）测量有源二端网络的开路电压 U_{OC}。

◇ 按图 1.2.1 接线，其中电源为 $E_1 = 15\ V$，$E_2 = 18\ V$，将电阻 R_3 视为负载。

◇ 当电源 E_1、E_2 同时作用时，测量图 1.2.1 电路中 R_3 支路的电流 I，记入表 1.2.1 中。

◇ 当电源 E_1、E_2 同时作用，并且去掉 R_3 支路后，测量 b、e 间的开路电压 U_{OC}，并将测量值填入表 1.2.1 中。

表 1.2.1

R_3 支路电流 I/A		开路电压 U_{OC} /V		等效电阻 R_0(欧姆挡测量)/Ω	
理论值		理论值		理论值	
测量值		测量值		测量值	

（2）测量有源二端网络的除源等效电阻 R_0。通常测量有源二端网络的等效电阻有以下 3 种方法。

◇ 欧姆表直接测量法。将有源二端网络内的独立电源除源：关闭稳压电源，将开关 S_1、S_2 分别置于短路侧。本实验中使用万用表欧姆挡，直接测量图 1.2.3 电路中 b、e 之间的等效电阻 R_0，将测量值填入表 1.2.1 中。

◇ 开路电压短路电流法。测量 b、e 之间的开路电压 U_{OC} 和端口处的短路电流 I_{SC}，将有源二端网络 U_{OC} 和 I_{SC} 的测量值填入表 1.2.2 中，并计算出等效电阻 R_0，即

$$R_0 = \frac{U_{OC}}{I_{SC}}$$

表 1.2.2

开路电压 U_{OC}/V		短路电流 I_{SC}/A		等效电阻 $R_0 = U_{OC}/I_{SC}$/Ω	
理论值		理论值		理论计算值	
测量值		测量值		测量计算值	

◇ 外加电源法（又称伏安法）。将图 1.2.1 的 S_1、S_2 分别置于短路侧，R_3 开路，形成无

源二端网络，外加一电压源 E'（选择 $E' \leqslant 10$ V，由稳压电源提供），如图 1.2.4 所示。可测得电流 I，由此可得

$$R_0 = \frac{E'}{I}$$

将外加电压源 E'、电流 I 的测量值填入表 1.2.3 中，并计算出等效电阻 R_0，要注意直流电流表接入电路的极性。

注意：利用以上 3 种测量方法测得的有源二端网络的等效电阻 R_0，在数值上应近似相等。

表 1.2.3

外加电压源 E'/V	电流 I/A	计算等效电阻 $R_0 = E'/I$/Ω

（3）用戴维宁等效电路测量 R_3 支路的电流 I'。利用表 1.2.1 中测得的开路电压 U_{OC} 和任一方法测量的等效电阻 R_0，构成一个等效的电压源，如图 1.2.5 虚线框内所示，其中 R_0 可通过调节 680 Ω 电位器得到。测量并记录 R_3 支路电流 I' 的数值。

$$I' = \underline{\hspace{3cm}} \text{(mA)}$$

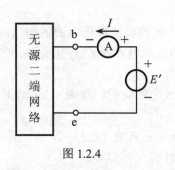
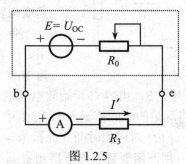

图 1.2.4　　　　　　　　　　　　　　　　图 1.2.5

6. 实验总结要求

（1）对实验步骤（1）所测电流 I 和实验步骤（3）所测电流 I' 的数值进行比较，得出结论。

（2）归纳有源二端网络等效电阻的 3 种测量方法的适用范围。

实验 1.3　RC 电路的暂态过程

实验 1.3.1　硬件实验

1. 实验目的

（1）研究一阶 RC 电路的零输入响应、零状态响应和全响应。

（2）学习用示波器观察在方波激励下，RC 电路参数对电路输出波形的影响。

2. 实验预习要求

（1）分别计算图 1.3.1～图 1.3.3 中，电容电压在 $t = \tau$ 时的 $u_C(\tau)$ 及电路时间常数 τ 的理论值，填入表 1.3.1～表 1.3.4 中。

（2）掌握微分电路和积分电路的条件。

3. 实验仪器和设备

序号	名　　称	型　号	数量
1	电路原理实验箱	TPE−DG1IBIT	1 台
2	可跟踪直流稳压电源	SS3323	1 台
3	数字式万用表	VC9802A+	1 块
4	双通道函数发生器	DG1022	1 台
5	数字示波器	DS1052E	1 台

4. 实验内容及要求

（1）测绘 $u_C(t)$ 的零输入响应曲线。

◇ 按图 1.3.1 连接电路，元件参数为 $R = 10\ \text{k}\Omega$，$r = 100\ \Omega$，$C = 3300\ \mu\text{F}$，U_S 由 SS3323 型可跟踪直流稳压电源提供。

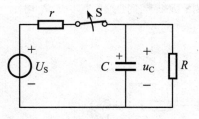

图 1.3.1

注意：电容 C 为电解电容器，正、负极性不能接反（实验箱上各电解电容器的安装极性均为上正下负），否则易造成电容损坏。

◇ 闭合开关 S，调整直流稳压电源的输出幅值旋钮，用万用表直流电压挡监测电容器 C 上电压 u_C，使其初始值为 10 V。

◇ 打开开关 S，电容 C 开始放电过程。在 C 开始放电的同时，按表 1.3.1 给出的电压用秒表计时，将测量的时间值记入表 1.3.1 中。

◇ 再将 $u_C(\tau)$ 对应的时间（此数值即为时间常数 τ_1）记入表 1.3.2 中。

注意：① 用万用表直流电压挡测量 u_C，用秒表计时。

② 因放电过程开始时较快，建议测量零输入响应的过程分几次进行计时。

◇ 将电阻换为 $R = 5.6\ \text{k}\Omega$，C 不变，测量 $u_C(\tau)$ 对应的时间 τ_2，记入表 1.3.2 中。

注：这组电阻、电容参数只要求测量 $u_C(\tau)$ 一个点，不需要测量完整的曲线。

表 1.3.1

u_C/V	9	8	7	6	5	$u_C(\tau) =$		3	2	1
t/s										

表 1.3.2

电路形式		零输入响应				零状态响应		全响应	
元件参数	$R/\text{k}\Omega$	10		5.6		10		10	
	$C/\mu\text{F}$	3 300	33	3 300	33	3 300	33	2 200	33
时间常数	理论值								
τ/s	实测值								

（2）测绘 $u_C(t)$ 的零状态响应曲线。

◆ 按图 1.3.2 连接电路，其中 $R=10\,\mathrm{k\Omega}$，$C=3\,300\,\mathrm{\mu F}$，$U_S=10\,\mathrm{V}$。

◆ 闭合开关 S，将电容器放电，使电容器两端初始电压为 0。

◆ 断开 S 使电容器充电，按表 1.3.3 给出的电压进行计时，并将数据记入表 1.3.3 中。

◆ 再将 $u_C(\tau)$ 对应的时间 τ_3 记入表 1.3.2 中。

表 1.3.3

u_C/V	1	2	3	4	5	$u_C(\tau)=$	7	8	9
t/s									

（3）测绘 $u_C(t)$ 的全响应曲线。

◆ 按图 1.3.3 连接电路，图中电阻 $R=10\,\mathrm{k\Omega}$，$r=100\,\Omega$，电容 $C=2200\,\mathrm{\mu F}$。电压源 $U_{S1}=4\,\mathrm{V}$，U_{S1}、U_{S2} 分别由直流稳压电源的两路输出提供。

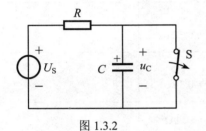

图 1.3.2

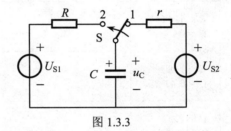

图 1.3.3

◆ 先将开关 S 置于"1"，调整直流稳压电源的输出幅值旋钮，用万用表直流电压挡监测电容器 C 上电压 u_C，使其初始值为 10 V。

◆ 将 S 置于"2"，按表 1.3.4 给出的电压进行计时，并记入表 1.3.4 中。

◆ 再将 $u_C(\tau)$ 对应的时间 τ_4 记入表 1.3.2 中。

表 1.3.4

u_C/V	9	8	7	$u_C(\tau)=$	5	4.4
t/s						

（4）观察在方波信号激励下，RC 电路的时间常数对输出波形的影响。

① 按图 1.3.4 连接 RC 串联电路，从电阻两端取输出电压。

② 加入方波作为输入信号 u_i，其频率 $f=400\,\mathrm{Hz}$、幅值为 $U_{ipp}=4\,\mathrm{V}$。

按表 1.3.5 的要求，当选取不同的电路参数时，用示波器的两个通道 CH1、CH2 同时观察、描绘 u_i 和 u_o 的波形（要求标出其时间对应关系），并记入表 1.3.5 中。

③ 按图 1.3.5 连接 RC 串联电路，从电容器两端取输出电压，重复实验步骤②。

注意：① 方波由 DG1022 型双通道函数发生器提供。

② 测量时函数发生器、示波器和电路应"共地"。

表 1.3.5

项目	参　数	电路及波形	参　数	电路及波形
电路图	从电阻两端取输出电压	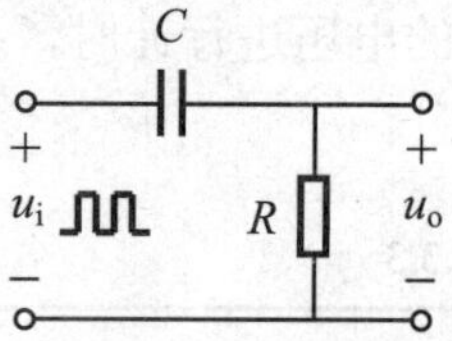 图 1.3.4	从电容器两端取输出电压	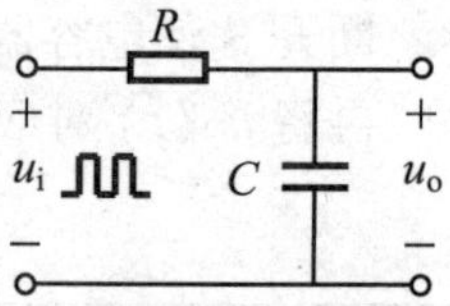 图 1.3.5
输入	方波 $f = 400$ Hz $U_{ipp} = 4$ V	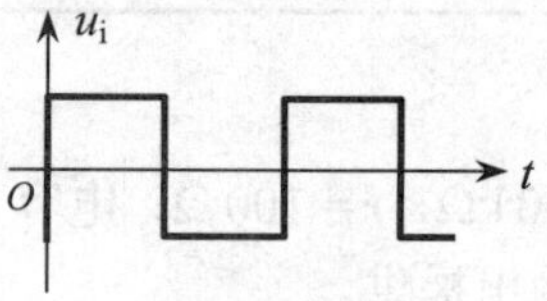	方波 $f = 400$ Hz $U_{ipp} = 4$ V	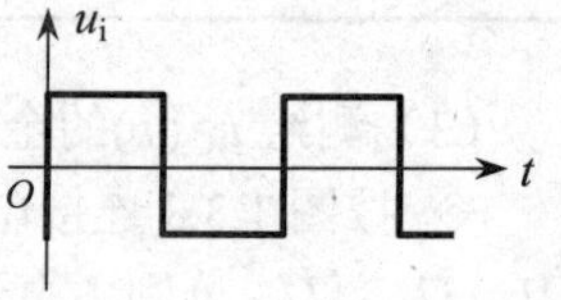
输出	$R = 510$ Ω $C = 0.22$ μF		$R = 1$ kΩ $C = 0.22$ μF	
	$R = 1$ kΩ $C = 0.47$ μF		$R = 2$ kΩ $C = 0.33$ μF	
	$R = 1$ kΩ $C = 33$ μF		$R = 10$ kΩ $C = 0.33$ μF	

5. 实验总结要求

（1）根据表 1.3.1、表 1.3.3、表 1.3.4 中的数据，用坐标纸画出 $u_C(t)$ 的 3 条曲线。说明在图 1.3.1 电路中，电阻分别为 10 kΩ 和 5.6 kΩ 时，对零输入响应曲线和时间常数 τ 的影响。

（2）分析 RC 电路在方波激励下，电路的结构和参数对输出波形的影响，并由实验结果总结微分电路、积分电路及耦合电路的条件。

实验 1.3.2　仿真实验

1. 实验目的

（1）学习一阶 RC 电路的零输入响应、零状态响应和全响应。

（2）学习 EDA（电子设计自动化）软件 Multisim 的使用方法。

2. 实验预习要求

（1）计算图 1.3.1 ～ 图 1.3.3 中，当电容 $C = 33$ μF 时，电容电压在 $t = \tau$ 时的 $u_C(t)$ 及电路时间常数 τ 的理论值，并填入表 1.3.2 中。

注：仿真实验所用图表在实验 1.3.1 中。

（2）掌握微分电路和积分电路的条件。

（3）预习附录 E 中 Multisim 软件的使用说明。

3. 实验仪器和设备

序号	名　称	元件库路径与名称	参数设置
1	直流电压源	Sources/POWER_SOURCES/DC_POWER	10 V，4 V
2	脉冲电压源 （幅值 4 V， 频率 400 Hz）	Sources/SIGNAL_VOLTAGE_SOURCES/PULSE_VOLTAGE	Initial Value−2 V Pulsed Value 2 V Period 2.5 ms Pulse Width 1.25 ms
3	电源地	Sources/POWER_SOURCES/GROUND	—
4	电解电容 33 μF	Basic/CAP_ELECTROLICT/33uF-POL	无需设定
5	电阻器	Basic/BASIC_VIRTUAL/RESISTOR_VIRTUAL	按需设定
6	单刀单掷开关	Basic/SWITCH/SPST	—
7	单刀双掷开关	Basic/SWITCH/SPDT	—
8	电容器	Basic/BASIC_VIRTUAL/CAPACITOR_VIRTUAL	按需设定

4. 实验内容及要求

（1）测绘 RC 电路的响应曲线。

A. 零输入响应。

◈ 按图 1.3.6 接线，并设置电路参数。其中 $R_1 = 10\ \Omega$，$R_2 = 10\ \mathrm{k\Omega}$，$C_1 = 33\ \mu\mathrm{F}$，$V_1 = 10\ \mathrm{V}$。在仿真开始前，必须使单刀单掷开关 J1 闭合。（请思考一下为什么？）

注意：

① 电路中必须设置接地点"⊥"，才能进行仿真，否则会有错误提示。示波器"G"端默认接地，可不必接"⊥"。

② 设置电路参数的操作。用鼠标双击电路元件，在弹出的对话框中按需要输入数值即可。同理也可对开关 J1 的操作控制键进行修改。

③ 仿真软件 Multisim 的具体操作可参阅附录 E 中的说明。

◈ 用鼠标单击仿真运行开关。开始仿真运行后，双击示波器，弹出示波器观察窗口，按图 1.3.7 所示设置示波器参数。

◈ 将鼠标移出示波器窗口，单击工作区。按空格键（Space）断开开关 J1，观察示波器显示的波形。当电容电压的波形下降到 0 ～ 1 V 时，再次单击仿真运行开关，停止仿真。

◈ 左右移动示波器上的游标 1 和游标 2，在下面的窗口中就会显示游标与曲线交点处的坐标值，按表 1.3.1 的要求找到相应的点，将测量结果记入表 1.3.1 中。（测量时间常数 τ 的方法同实验 1.3.1 硬件实验。）

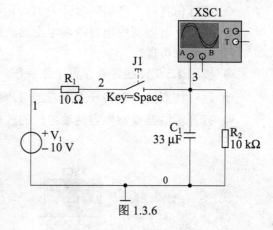

图 1.3.6

注意：在测量时，可通过调整水平、垂直的显示比例（**Scale**）及 Y 轴位置（**Y Position**），使显示的波形在屏幕上尽量大一些，以方便调整游标，提高测量精度。

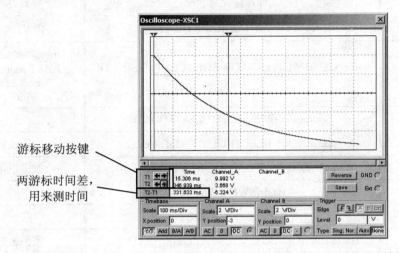

图 1.3.7

B. 零状态响应。

◇ 按图 1.3.8 接线，并设置电路参数。

◇ 运行仿真前，**必须闭合**开关 J1，运行仿真后再按空格键断开开关 J1。

◇ 打开示波器观察电容两端电压的波形，按表 1.3.3 的要求将测量结果记入表中。

C. 全响应仿真：

◇ 按图 1.3.9 接线，并设置电路参数。

◇ 运行仿真前，先将开关 J1 置于右侧，运行仿真后再按空格键将开关 J1 置于左侧。

◇ 打开示波器观察电容两端电压的波形，按表 1.3.4 的要求将测量结果记入表中。

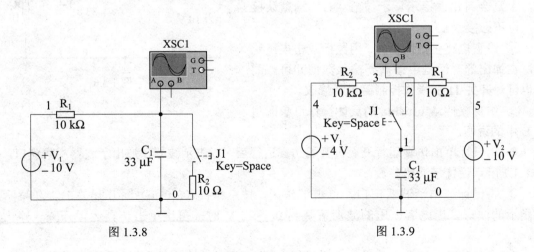

图 1.3.8   图 1.3.9

（2）观察在方波激励下，RC 电路的时间常数对输出波形的影响。

利用 Multisim 软件提供的元件和测量仪器，按照表 1.3.5 的要求，连接电路，选择参数，加入输入信号，进行仿真运行。脉冲信号源的参数设置见本实验"3. 实验仪器和设备"。观察 RC 电路的输入和输出波形，并记入表 1.3.5 中。

5. 实验总结要求

（1）说明在图 1.3.6 电路中，若电阻分别为 10 kΩ 和 5.6 kΩ 时，对零输入响应曲线和时间常数 τ 的影响。

（2）分析 RC 电路在方波激励下，电路的结构和参数对输出波形的影响，并由实验结果总结微分电路、积分电路及耦合电路的条件。

实验 1.4　交流电路的频率特性

实验 1.4.1　硬件实验

1. 实验目的
（1）掌握 RLC 串联电路的谐振现象、特点及元件参数对电路频率特性的影响。
（2）了解 RC 串并联电路的选频特性。
（3）熟悉双通道函数发生器、数字示波器和交流毫伏表的使用。

2. 实验预习要求
（1）阅读实验 1.1 附录及本实验附录，了解双通道函数发生器、交流毫伏表和数字示波器的使用方法。
（2）能否用万用表测量本实验中各交流电压？为什么？
（3）掌握 RLC 串联电路的频率特性。

在图 1.4.1 中，若双通道函数发生器输出电压有效值 $U = 2$ V，$R = 51$ Ω，$C = 33$ nF，$L = 9$ mH，线圈电阻 $r_L = 0.7$ Ω（由于各电路实验板上电感线圈的电感、线圈电阻各不相等，此处取近似值），试计算电路的性能指标：

谐振频率　　　　　　　$f_0 = $ ＿＿＿＿＿＿＿ Hz
品质因数（需考虑 r_L）　$Q = $ ＿＿＿＿＿＿＿＿
谐振时电感和电容电压　$U_{L0} \approx U_{C0} = $ ＿＿＿＿＿＿＿ V
通频带　　　　　　　　$f_{BW} = $ ＿＿＿＿＿＿＿ Hz

（4）计算图 1.4.2 所示 RC 串并联选频网络，当输出电压 u_o 与输入电压 u_i 同相时，频率 $f_0 = $ ＿＿＿＿＿＿ Hz，此时 $U_o/U_i = $ ＿＿＿＿＿＿。

3. 实验仪器和设备

序号	名　称	型　号	数量
1	电路原理实验箱	TPE–DG1IBIT	1 台
2	双通道函数发生器	DG 1022	1 台
3	双通道交流毫伏表	DF2172C	1 块
4	数字示波器	DS1052E	1 台

4. 实验内容及要求

（1）RLC 串联电路频率特性的测量。

A. 按图 1.4.1 接线，$R = 51\ \Omega$，$C = 33\ \text{nF}$。由双通道函数发生器提供频率和幅值可调的正弦电压。利用数字示波器通道 CH1 显示信号源电压 u 的波形，通道 CH2 显示电阻电压 u_R 的波形（此处电流 i 与电阻电压 u_R 同相位）。

B. 把电路调到谐振状态，测量谐振频率 f_0。

测量谐振频率 f_0 可以采用调节信号源频率，使电压 u 和 u_R 同相的方法，本实验用李萨育图形法。

调节信号源频率，使其等于本实验"实验预习要求（3）"中的估算值 f_0，信号源输出电压有效值 $U = 2\ \text{V}$，且保持不变。用双踪示波器观察 u 和 u_R 波形的相位关系，微调信号源频率，使 u 和 u_R 同相。

数字示波器选择 X–Y 方式。谐振时示波器显示波形为一斜直线，此时信号源频率即为电路的实际谐振频率 f_0，电阻上电压 $U_R = U_{R0}$ 为最大。（X–Y 方式的选择请参阅附录 1.1.5。）

注意：① 数字示波器 CH1、CH2 的"垂直刻度系数"旋钮应选取相同数值 (可置于 1 V)。
　　　② 由于除电感线圈有电阻外电容器也有功率损耗，所以谐振时电阻电压 U_{R0} 的实际测量值小于理论计算值。

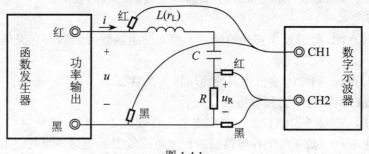

图 1.4.1

C. 测量 RLC 串联电路的电流谐振曲线。

◇ 根据表 1.4.1 给出的频率值，调节功率函数发生器的输出频率，用交流毫伏表测量每一频率上 U_R 的数值，填入表 1.4.1 中。表中 f_1、f_0、f_2 之间的空格可酌情选取适当的频率。

◇ 在谐振状态下，加测 U_{L0}、U_{C0}，并将 f_0、U_{R0}、U_{L0} 和 U_{C0} 记入表 1.4.4 中。

注：表 1.4.1 中 f_2 和 f_1 分别是通频带 f_{BW} 的上、下限频率，应在测出 f_0 及相应 U_{R0} 后，经计算获得 U_{f_1}、$U_{f_2}(= 0.707U_{R0})$，再由 U_{f_1}、U_{f_2} 的值测出 f_1 和 f_2。

表 1.4.1

$R = 51\ \Omega$，$C = 33\ \text{nF}$，$L = 9\ \text{mH}$，$r_L = 0.7\ \Omega$，保持 $U = 2\ \text{V}$ 不变											
f/kHz	6	7	8	$f_1 =$		$f_0 =$		$f_2 =$	10	11	13
U_R/V											
计算 I/mA $(= U_R/R)$											

注意：① 改变频率时应保持信号源输出电压有效值 $U = 2\text{ V}$ 不变。

　　　② 测量电感和电容上的电压时，应根据估算值，选择交流毫伏表的合适量程。

D. 调节电源频率，观察电源电压 u 和电流 i 的相位关系。

此时数字示波器应恢复为 "Y-T" 方式。定性画出 u、u_R（电流 i 与电阻电压 u_R 同相位）波形的相位关系，记录于表 1.4.2 中。

注意：① 表 1.4.2 "相位差" 一栏中，根据观察波形的相位关系对应填入 ">0" "<0" 或 "=0"。

　　　② "电路性质" 一栏中，对应填入电阻性、电感性、电容性。

表 1.4.2

频率 f	$f < f_0$	$f = f_0$	$f > f_0$
电压 u、u_R 的波形			
相位差 $\varphi_{u, i}$			
电路性质			

E. 改变电阻参数，再测 RLC 串联电路的电流谐振曲线。

◇ 在图 1.4.1 中，选取 $R = 100\ \Omega$，其他电路参数不变，重复上述实验步骤，将测量值记入表 1.4.3 中。表中 f_1、f_0、f_2 之间的空格可酌情选取适当的频率。

◇ 在谐振状态下，加测 U_{L0}、U_{C0}，并将 f_0、U_{R0}、U_{L0} 和 U_{C0} 的数值记入表 1.4.4 中。

表 1.4.3

$R = 100\ \Omega$，$C = 33\text{ nF}$，$L = 9\text{ mH}$，$r_L = 0.7\ \Omega$，保持 $U = 2\text{ V}$ 不变											
f/kHz	6	7	7.5	$f_1 =$		$f_0 =$		$f_2 =$	10.5	11.5	13
U_R/V											
计算 I/mA $(= U_R/R)$											

◇ 取 $C = 10\text{ nF}$，$R = 51\ \Omega$，电源电压保持 2 V（有效值）不变，测量谐振频率 f_0、谐振时的电压 U_{R0}、U_{L0}、U_{C0}，将测量值记入表 1.4.4 中。

表 1.4.4

电　路　参　数	谐振频率 f_0/kHz		电阻电压 U_{R0}/V	电感电压 U_{L0}/V	电容电压 U_{C0}/V
	理论值	测量值			
$R_2 = 51\ \Omega$，$C = 33\text{ nF}$					
$R_2 = 100\ \Omega$，$C = 33\text{ nF}$					
$R_2 = 51\ \Omega$，$C = 10\text{ nF}$					

（2）RC 串并联电路选频特性的测量。

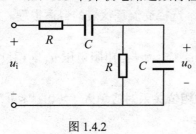

图 1.4.2

RC 串并联电路如图 1.4.2 所示，它常被用于正弦波振荡电路中作为选频网络。

◇ 按照图 1.4.2 连接电路，其中：$R = 300\ \Omega$，$C = 1\ \mu F$，输入信号是由双通道函数发生器提供的正弦波，电压有效值 $U_i = 3\ V$。

◇ 用上述测量谐振频率 f_0 的方法，按计算出的 f_0 理论值来调节输入信号频率，使 u_o 和 u_i 同相，对应的频率即为 f_0 的测量值。

◇ 按表 1.4.5 要求，测量在指定频率点上输出电压 U_o 的数值，并计算 U_o 与 U_i 的比值，记入表 1.4.5 中。

表 1.4.5

$R = 300\ \Omega$，$C = 1\ \mu F$，保持 $U_i = 3\ V$ 不变			
f/Hz	100	$f_0 =$	2 000
U_o/V			
U_o/U_i			

5. 实验总结要求

（1）将表 1.4.1 和表 1.4.3 测量数据的两条 $I(f)$ 曲线，用坐标纸画在同一坐标系中，并说明 Q 值对谐振曲线的影响（计算 Q 值时应考虑线圈电阻 r_L）。

（2）整理实验数据填入表 1.4.6 中，与理论值作比较。

（3）根据 f_0、Q、f_{BW} 和谐振时 U_{L0}、U_{C0} 等实验数据，说明元件参数 R、L、C 对电路频率特性的影响。

（4）根据实验结果说明：RC 串并联选频电路在 $f = f_0$ 时，U_o/U_i 的数值为多少？

$L = 9\ mH$，$r_L = 0.7\ \Omega$ 　　　　　　　　表 1.4.6

		$R = 51\ \Omega$，$C = 33\ nF$	$R = 100\ \Omega$，$C = 33\ nF$	$R = 51\ \Omega$，$C = 10\ nF$
f_0	计算值			
	测量值			
Q	计算值			
	测量值			
f_{BW}	计算值			
	测量值			

实验 1.4.2 仿真实验

1. 实验目的

（1）研究 RLC 串联电路的谐振现象、特点及元件参数对电路频率特性的影响。

（2）了解 *RC* 串并联电路的选频特性。

（3）学习仿真软件 Multisim 中交流频率分析（AC Analysis）、波特仪（Bode Plotter）的使用方法。

2. 实验预习要求

（1）掌握 *RLC* 串联电路的频率特性。

在图 1.4.1 中，若函数发生器输出电压 $U = 2$ V，$R = 51$ Ω，$C = 33$ nF，$L = 9$ mH，线圈电阻 $r_L = 0.7$ Ω（由于各电路实验板上电感线圈的电感、线圈电阻各不相等，这里取近似值），试计算电路的性能指标：

谐振频率　　　　　　　　　$f_0 = $＿＿＿＿＿＿＿＿Hz

品质因数（需考虑 r_L）　　$Q = $＿＿＿＿＿＿＿＿＿＿

谐振时电感和电容电压　　$U_{L0} \approx U_{C0} = $＿＿＿＿＿＿＿＿＿V

通频带　　　　　　　　　$f_{BW} = $＿＿＿＿＿＿＿＿Hz

（2）计算图 1.4.2 所示 *RC* 串并联选频网络，当输出电压 u_o 与输入电压 u_i 同相时，频率 $f_0 = $＿＿＿＿＿＿Hz，此时 $U_o/U_i = $＿＿＿＿＿＿＿＿。

（3）预习附录 E3.2 和本实验内容及要求（2），掌握交流频率分析和波特图分析仪的使用方法。

3. 实验仪器、设备及元器件参数

序号	名　称	元件库路径与名称	参数设置
1	交流电压信号源	Sources/SIGNAL_VOLTAGE_SOURCES/AC_VOLTAGE	Voltage（Pk）：2.828 V Frequency（F）：9.235 kHz AC Analysis Magnitude：1 V
2	电源地	Sources/POWER_SOURCES/GROUND	—
3	电容	Basic/BASIC_VIRTUAL/CAPACITOR_VIRTUAL	按需设定
4	电感	Basic/BASIC_VIRTUAL/INDUCTOR_VIRTUAL	按需设定
5	电阻	Basic/BASIC_VIRTUAL/RESISTOR_VIRTUAL	按需设定
6	万用表	在附录 E 中附图 E1.1 右侧测量工具栏中选择	
7	波特仪	在附录 E 中附图 E1.1 右侧测量工具栏中选择	

4. 实验内容及要求

（1）*RLC* 串联电路频率特性的测量（AC Analysis 方法）。

◇ 按图 1.4.3 在 Multisim 中连接电路，并设置所用元器件参数，双击 R_2 电阻的上端导线，在弹出的 Net 属性窗口中，将 Net Name 的属性改为 OUT，以方便识别。

◇ 单击 "Simulate→Analyses→AC Analysis"，打开 "AC Analysis" 属性设置窗口，如附录 E 附图 E3.4 所示。修改交流频率分析参数如下。

Start frequency：6 kHz　　　　Stop frequency：14 kHz　　Sweep type：Linear

Number of pointsper decade：10000　　Vertical scale：Linear

同时，在 "OutputVariabies" 选项卡中，选择输出节点为图 1.4.3 中节点 OUT。

◇ 完成上述设置后，单击 "AC Analysis" 属性设置下方的 "Simulate" 按钮，运行 "AC

Analysis"仿真。

◆ 在仿真图形输出窗口中，确定图 1.4.3 中电路的谐振频率、通频带，并画出幅频、相频特性曲线。（谐振频率即为幅频特性曲线最顶点对应的频率，通频带即为对应幅频特性曲线最大值的 0.707 时的两个频率之差。）

$f_0 = $_____kHz

$f_{BW} = $_____kHz

（2）RLC 串联电路频率特性的测量（Bode Plotter 方法）。

◆ 按图 1.4.4 连接电路，并按要求设置各电路元件的参数。

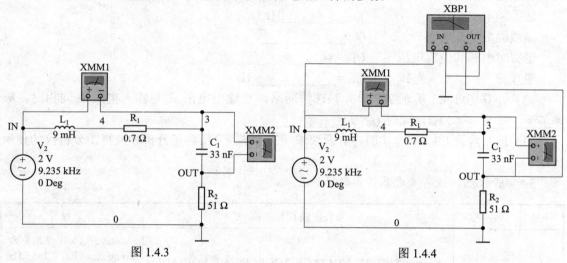

图 1.4.3　　　　　　　　　　图 1.4.4

◆ 双击"Bode Plotter"，弹出如图 1.4.5 所示对话框，按图 1.4.5 设置对话框中各个参数，并单击对话框中"Set…"按钮，在弹出的对话框中将"Resolution Points"设置为最高值 1000，然后单击"Accept"退出。随后单击图 1.4.5 中的"Phase"按钮，设置相频特性显示角度为：$-100° \sim 100°$。

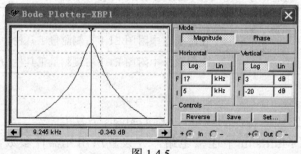

图 1.4.5

◆ 按 F5 键，运行仿真程序，观察"Bode Plotter"的输出图形，通过游标确定电路的谐振频率、通频带，并画出幅频、相频特性曲线。

（3）确定谐振频率后，将交流电源的频率调整为该谐振频率，通过万用表测量电感和电容两端的电压如图 1.4.3 所示，并记录在表 1.4.7 中。

（4）将 R_2 改为 100 Ω，其他参数不变，重做步骤（1）、（3）或（2）、（3），观察"Bode Plotter"的输出图形与 $R_2 = 51$ Ω 时有何不同。确定谐振频率、通频带，谐振时电感、电容两端的电压，并记录在表 1.4.7 中。

表 1.4.7

电　路　参　数	谐振频率 f_0/kHz	通频带 f_{BW}/kHz	电感电压 U_{L0}/V	电容电压 U_{C0}/V
$R_2 = 51\ \Omega$，$C = 33$ nF				
$R_2 = 100\ \Omega$，$C = 33$ nF				
$R_2 = 51\ \Omega$，$C = 10$ nF				

（5）取 $C = 10$ nF，$R_2 = 51\ \Omega$，其他参数不变，重做步骤（1）、（3）或（2）、（3），测量谐振频率、通频带，谐振时电感、电容两端的电压，并记录在表 1.4.7 中。

（6）RC 串并联电路选频特性的测量。RC 串并联电路如图 1.4.2 所示，它常被用于正弦波振荡电路中作为选频网络。

◆ 按照图 1.4.2 连接电路，其中 $R = 300\ \Omega$，$C = 1\ \mu F$。

◆ 用 AC Analysis 或 Bode Plotter 方法，测量电路图 1.4.2 的谐振频率，并测量频率分别为 100 Hz、2 000 Hz 时的输出电压 U_o，记入表 1.4.8 中。

表 1.4.8

$R = 300\ \Omega$，$C = 1\ \mu F$，保持 $U_i = 3$ V 不变				
f/Hz	100	$f_0 =$		2 000
U_o/V				
U_o/U_i				

5. 实验总结要求

（1）在同一坐标系中，画出表 1.4.7 所选三组 RLC 电路参数的幅频特性曲线。

（2）画出图 1.4.3 所示电路的相频特性曲线。

附录 1.4　DF2172C 型双通道交流毫伏表

DF2172C 型双通道交流毫伏表具有双路输入、选择通道测量和监视输出的功能，可分时测量两种不同大小的正弦交流信号有效值。其面板图如附图 1.4 所示。

1. 技术指标

（1）电压测量范围：1 μV～300 V。

（2）量程：1 mV，3 mV，10 mV，30 mV，100 mV，300 mV。

1 V，3 V，10 V，30 V，100 V，300 V。

（3）频率：5 Hz～2 MHz。

（4）输入电阻：2 MΩ。

2. 使用方法

（1）选择通道。当按下面板上的"通道选择按钮"时，可分别选择 CH1 或 CH2 通道工作，相应的"量程指示灯"亮：

选择通道 1 时 CH1 指示灯亮，表头指示为左侧测量电缆（或称为测试线）输入信号的电压有效值；

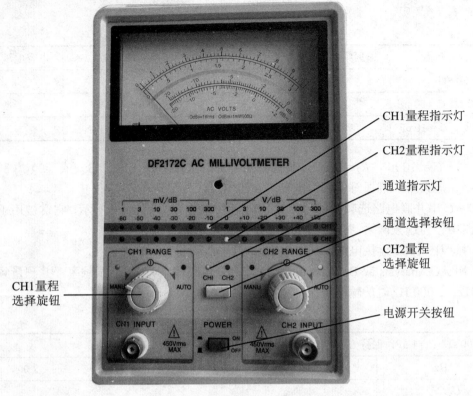

附图 1.4

选择通道 2 时 CH2 指示灯亮，表头指示为右侧测量电缆输入信号的电压有效值。

（2）选择量程。当旋转"量程选择旋钮"时，可选择 1 mV～300 V 的不同量程，由相应的"量程指示灯"显示。

（3）读取数据。

❖ 当选择 1 mV、10 mV、100 mV 或 1 V、10 V、100 V 量程时，从表盘上满量程为"1"的刻度线读取数据。

❖ 当选择 3 mV、30 mV、300 mV 或 3 V、30 V、300 V 量程时，从表盘上满量程约为"3"的刻度线读取数据。

3. 注意事项

（1）当接通电源或量程转换时，由于交流毫伏表内部电容存在放电过程，指针有所晃动，属于正常现象，需待指针稳定后即可读取数据。

（2）当仪表接通电源，但暂未使用时，量程选择旋钮应放置在高量程位置上。

实验 1.5   单相交流电路

1. 实验目的

（1）掌握单相交流电路中电压、电流与功率的关系。

（2）掌握提高感性电路功率因数的方法，了解提高功率因数的意义。

（3）熟悉单相功率表的使用和荧光灯（俗称日光灯）线路的安装。

（4）测量电路元件的参数。

2．实验预习要求

预习单相交流电路的分析方法，并回答下列问题：

（1）对于感性负载电路，提高功率因数的方法是并联电容器，为何不能串联电容器？

（2）在图 1.5.4 电路中，定性画出以下 3 种情况下电路总电压 $\dot{U}$ 和总电流 $\dot{I}$ 的相量图。

① 未并入电容器时。

② 并入电容器欠补偿时。

③ 并入电容器过补偿时。

（3）说明在表 1.5.1 中，哪些列的数据变化，哪些列的数据不变化，为什么？

3．实验仪器和设备

序号	名　称	型　号	规　格	数　量
1	日光灯	—	20 W，220 V	1 套
2	电容器	MC1036	1 μF，2 μF，3.7 μF	各 1 只
3	数字交流电压表	MC1028	500 V	1 块
4	数字交流电流表	MC1028	2 A	1 块
5	数字交流功率表	MC1027	200 W（450 V，≤1 A）	1 块

（1）日光灯：本实验所使用日光灯的额定值为 20 W、220 V，它由灯管、镇流器、启动器（又称起辉器）组成。

（2）电容器：实验台上的电容挂板提供有 3 个不同容量的电容器，其布置如图 1.5.1 所示。需要接线时，从 A、B 两点接入电路，利用短路桥将选择的电容器接入或断开。本实验仅使用 1 μF、2 μF 的电容器。

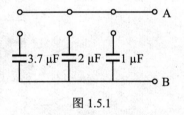

图 1.5.1

（3）短路桥：实验台的挂板提供了 4 对测电流插口，其结构如图 1.5.2（a）所示。不测电流时插口由短路桥连通；需要测电流时插入电流表，拔掉短路桥即可。电流插口的电路符号如图 1.5.2（b）表示。

（4）功率表：功率表面板示意图如图 1.5.3 所示。

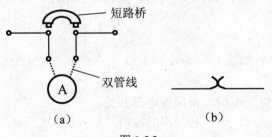

图 1.5.2

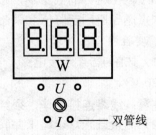

图 1.5.3

单相交流功率表的使用方法：将功率表测电流 I 的双管线串入被测负载支路的同时，再用其测电压 U 的一对表笔测量该负载两端的电压。

注意：整理导线时，不要将功率表上的双管线拔下来。

4. 日光灯的结构和工作原理简介

（1）日光灯的结构及各部分的功能。

◇ 灯管：在玻璃管内壁上涂有一层荧光粉，灯管两端各有一个由钨丝制成的灯丝，灯管内抽真空后充入一定量的惰性气体（如氩、氖）与水银蒸气等。**在电路中可将灯管视作电阻性元件（但有一定的误差）。**

◇ 镇流器：是一个具有铁芯的电感线圈。在电路中它有两个作用：一是在灯管点燃时产生一个瞬时高压，帮助灯管点燃；二是在灯管点燃后限制电路中电流不致过大。**在电路中可将镇流器视作一个电感元件 L 和一个电阻元件 r_L 的串联。**

◇ 起辉器：是一个充有氖气的玻璃泡。其内部装有一个静触点和一个用双金属片制成的 η 形动触点，两触点之间并联一小电容，玻璃泡外罩一个保护外壳。

（2）日光灯的工作原理。日光灯接线图如图 1.5.4 所示。当电源刚一接通时，电源电压通过镇流器、灯管灯丝施加于起辉器的两个触点之间，氖泡中产生辉光放电，并产生高温，呈红光，使双金属片动触点受热膨胀而与静触点接触，接通电路，电流流经灯管两端的灯丝，产生热电子发射。因为此时起辉器两触点闭合，辉光放电停止，动触点由于冷却收缩而离开静触点。在静、动两触点分开的瞬间，由于电路中电流的突然消失，镇流器线圈产生一个较高的自感电动势，它与电源电压叠加后加到灯管两端的灯丝上，灯管受到高电压作用产生辉光放电，即灯管点燃导通。由于放电而产生的紫外线照射到管壁的荧光粉上，即产生可见光。

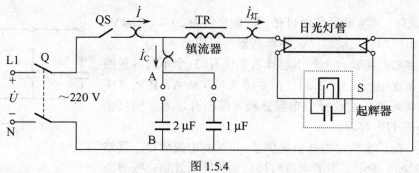

图 1.5.4

日光灯点燃导通后，灯管两端的电压很小，20 W 的日光灯约为 60 V，40 W 的日光灯约为 100 V。在这样的低压下，起辉器不再起作用。电源电压大部分降在镇流器上，故镇流器在灯管点燃导通后起降压和限流的作用。

5. 实验内容及要求

（1）按图 1.5.4 连接电路，电源取自 380 V 相线 L1（或 L2、L3）与中性线 N 之间的相电压（220 V）。

注意：线路连接完毕，须经指导教师检查无误后，再接通电源开关。

（2）测量日光灯电路未并联电容器时各电压、电流和功率的数值，记入表 1.5.1 中。

（3）按表 1.5.1 要求并入不同容量的电容器，再测量各电量的数值，记入表 1.5.1 中。

注意：① 每一次改接线路，均应在断开电源的情况下进行！

② 实验完毕，首先应断开电源开关，然后再拆除实验线路！

③ 在工程上，提高功率因数时不允许并联过大的电容器形成过补偿。

表 1.5.1

测量电量	总　电　路			灯　管			镇流器		电容器
	U/V	I/A	P/W	$U_灯$/V	$I_灯$/A	$P_灯$/W	$U_镇$/V	$P_镇$/W	I_C/A
未并电容器									
并入 $C=1\,\mu F$									
并入 $C=2\,\mu F$									

6. 实验总结要求

（1）根据实验数据，计算出日光灯管的等效电阻 R、镇流器的电感 L 和电阻 r_L 值。

（2）根据实验数据，计算并入电容器前后 3 种情况下电路的功率因数，并说明：是否并联电容越大，功率因数就越高？

（3）根据实验数据，说明表达式 $U=U_灯+U_镇$ 是否成立？为什么？

（4）画出并联电容 $C=2\,\mu F$ 时，电路中 $\dot{U}$ 以及各电流的相量图。

附录 1.5　荧光灯电子镇流器简介

荧光灯的发光效率优于白炽灯已成为不争的事实。1938 年问世的荧光灯(俗称日光灯)在使用的前四十年间，均采用电感式镇流器并配以起辉器作为限流和启动装置。电感镇流器结构简单、可靠性高、使用寿命长；但体积、重量大，有噪声，会使日光灯产生频闪，自身功耗大，功率因数低。近 30 年来，具有节能特点的电子镇流器，在世界范围内得到了迅速的普及和发展，逐渐取代了电感镇流器，为绿色照明提供了基础和条件。

1. 电子镇流器的功能

电子镇流器是安装在电源和荧光灯（1 支或多支）之间，将电源的工频交流电变换为高频交流电，使荧光灯能够正常启动和稳定工作的变换器或电子装置。

当电子镇流器与荧光灯配套工作时，应保证以下基本要求。

（1）为荧光灯启动前提供灯阴极预热。

（2）为灯提供可靠启动的高电压。

（3）启动后为灯提供稳定、合适的工作电流。

（4）采用功率因数校正（PFC）技术。

（5）具有较高的安全性和可靠性。

2. 电子镇流器的特点

电子镇流器的优点：

（1）节电效果显著：提高发光效率，自身能量损耗低，明显提高线路功率因数（0.95～0.99）。

（2）无频闪现象、无工频噪声，在较低的交流电压下能可靠启动，改善灯的运行性能。

（3）对电网电压的变动等异常状态具有保护功能。

（4）体积小、重量轻、结构紧凑（可省起辉器）。

（5）控制灵活，功能易于扩展（如遥控、调光等），已出现单片集成电子镇流器产品。

电子镇流器的缺点：结构复杂、价格较高、寿命相对较短；性能不完善的产品对电网有谐波污染。

3. 电子镇流器的基本结构和工作原理

（1）低功率荧光灯交流电子镇流器。

低功率简单荧光灯电子镇流器一般由交–直流变换电路、高频逆变电路和输出电路组成，其结构框图如附图 1.5.1 所示。

附图 1.5.1

交–直流（AC-DC）变换采用桥式整流、电容滤波电路，将 50 Hz 的工频电压变换为直流电压。高频逆变电路是电子镇流器的核心部分，常采用半桥式逆变电路，其功能是将直流电压变换为 30～45 kHz 的高频交流电，为荧光灯供电。输出电路大多采用 LC 串联电路，当它谐振时在灯管两端产生高压点燃日光灯。灯点燃后电感 L 仅起到稳定电流的作用。

（2）高性能荧光灯交流电子镇流器

较大功率（>25 W）高性能直管荧光灯电子镇流器的结构框图如附图 1.5.2 所示，各部分作用如下。

附图 1.5.2

EMI 滤波器的作用是对来自电网的电磁干扰进行充分衰减，并阻挡电子镇流器产生的高频谐波干扰侵入电网。有源 PFC 升压变换器可在桥式整流器的输入端产生与交流输入电压保持同相位的正弦波电流，使输入功率因数接近于 1，并提供升压的稳定输出。在半桥逆变器和荧光灯输出电路中采用专用集成电路，可提供灯管预热启动、故障保护以及调光功能。

实验 1.6　三相交流电路

1. 实验目的

（1）掌握三相负载正确接入电源的方法。

（2）进一步了解三相电路中线电压和相电压、线电流和相电流的关系。

（3）了解中性线在三相四线制电源中的作用。

2. 实验预习要求

（1）复习教材中三相交流电路的有关内容。

（2）若三相电源的线电压为 380 V，三相负载（$U_N = 220$ V）应如何联结？

　　若三相电源的线电压为 220 V，三相负载（$U_N = 220$ V）应如何联结？

（3）三相对称负载作星形联结，若在无中性线的情况下断开一相，其他两相电压将会发生什么变化？若为三角形联结时又如何？

3. 实验仪器和设备

序号	名　称	型　号	规　格	数　量
1	380 V 三相电源	MC1001	三相四线制	1 块
2	220 V 三相电源	MC1163	三相四线制	1 块
3	白炽灯泡	MC1037	25 W，220 V	6 只
4	数字交流电压表	MC1028	500 V	1 块
5	数字交流电流表	MC1028	2 A	1 块

（1）三相负载白炽灯泡的布置图如图 1.6.1 所示。其中灯泡分为 A、B、C 三组，每组为两只灯并联，其中 C 组的一只灯可由短路桥控制接通或断开。

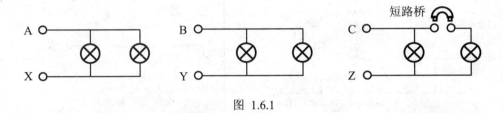

图 1.6.1

（2）实验中使用的三相 220 V 电源，通过三相交流变压器（模块 MC 1163）获得，如图 1.6.2 所示。

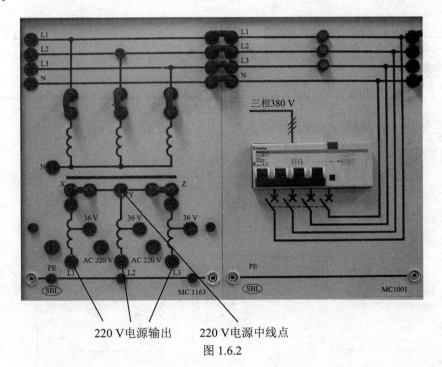

图 1.6.2

4. 实验内容及要求

（1）负载作三角形联结。

◆ 按图 1.6.3 连接电路，将三组灯泡接为三角形联结方式，注意电源电压的标识。

注意：接线完毕，必须经教师检查无误后，方可合闸，接通 220 V 电源。

◆ 按下列要求测量数据并填入表 1.6.1 中。

● 在对称负载时，测量电路的电压和电流。对称负载：每相两只灯泡均接入电路。

● 在不对称负载时，测量电路的电压和电流。不对称负载：将 CA 相灯泡关掉一只（拔下短路桥），另外两相负载不变。

◆ 实验完毕，首先应断开电源开关，然后再拆除实验线路。

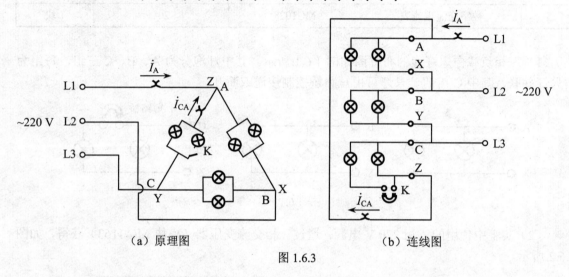

（a）原理图　　　　　　　　　　（b）连线图

图 1.6.3

表 1.6.1

测量电量	U_{AB} / V	U_{BC} / V	U_{CA} / V	I_A / A	I_{CA} / A
对称负载					
不对称负载					

（2）负载作星形联结。

◆ 按图 1.6.4 接线，将 3 组灯泡负载连接为星形联结方式。

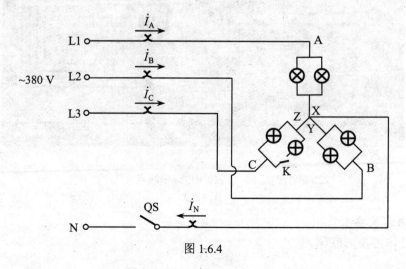

图 1.6.4

注意：接好线后，必须经教师检查无误后，方可合闸，接通 380 V 电源。

◇ 按以下要求测量数据并填入表 1.6.2 中。

① 在对称负载、有中性线和无中性线时，测量电路的各电压和电流。

② 在不对称负载、有中性线和无中性线时，测量电路的各电压和电流。

注意：① 在负载侧测量各相电压的有效值。

　　　② 在负载不对称、断开中性线时，由于各相电压不平衡，某相负载上的电压超过其额定值，故不应将中性线断开时间过长，测量完毕应立即接通中性线或断开电源。

　　　③ 实验完毕，首先应断开电源开关，然后再拆除实验线路。

表 1.6.2

测量电量 ＼ 测量条件		对称负载		不对称负载	
		有中性线	无中性线	有中性线	无中性线
相电压 /V （在负载侧测量）	U_A				
	U_B				
	U_C				
电流 / A	I_A				
	I_B				
	I_C				
	I_N				

（3）测量三相四线制电源的相电压和线电压。拆除实验线路后，空载测量两组三相电源线电压和相电压的数值，填入表 1.6.3 中。

表 1.6.3　　　　　　　　　　　　　　　　　　　　　　　　　　V

测量电压	U_{AB}	U_{BC}	U_{CA}	U_A	U_B	U_C
380 V 电源						
220 V 电源						

5. 实验总结要求

（1）根据表 1.6.1 的测量数据，说明对称负载作**三角形联结**时相、线电流之间的数值关系；根据表 1.6.2 的测量数据，计算负载作**星形联结、有中性线**时相、线电压之间的数值关系。

（2）按比例画出**不对称负载作星形联结、且有中性线**时各电压和电流的相量图（将白炽灯泡视为电阻性负载）。

（3）说明负载作星形联结时中性线的作用。在什么情况下必须有中性线，在什么情况下可不用中性线？

实验 1.7　电路基本元件的研究

在所有现代化电子设备和电子产品中，除了二极管、三极管、集成电路等半导体器件以外，还有最基本的三大元件——电阻（R）、电容（C）和电感（L）。这些常用的基本元件，在电路中有着各自的作用，而且对电子设备的质量和可靠性起着至关重要的作用。本实验将研究这 3 种基本元件的结构、特点和应用。

实验 1.7.1　电阻器

1. 实验目的
（1）了解电阻器的分类。
（2）了解各类电阻器的特点。
（3）掌握电阻器的一般使用方法。

2. 实验预习要求
（1）认真阅读本实验中及附录中的相关内容。
（2）完成实验中的相关参数计算。
（3）理解实验原理。

3. 实验仪器和设备

序号	仪 器 名 称	型 号	数量
1	数字式万用表	VC9802A+	1块
2	可跟踪直流稳压电源	SS3323	1块
3	实验板	——	1块

4. 实验内容及要求
（1）实验原理。

实验电路如图 1.7.1 所示，这个电路能实现光控发光的功能，即有光照时，发光二极管 D 不发光，无光照时，发光二极管 D 发光。在这个电路中用到了电阻的分压、限流和保险的作用，使用了普通电阻、光敏电阻和保险电阻。

图 1.7.1 中电阻 R_1 是可恢复型的保险电阻，阻值为 2.2 Ω，当流过发光二极管的电流超过规定的额定电流值时，快速熔断，切断电源。

R_3 是普通的碳膜式分压电阻，它与阻值可变的光敏电阻 R_G（MG45–1）分压，为发光二极管 D 提供合适的工作电压。R_2 是普通的碳膜式限流电阻。

发光二极管 D 的正向工作电压为 2 V，最大工作电流为 10 mA。

光敏电阻 R_G 的阻值变化范围为 1.6 ～35 kΩ，当光线强时，光敏电阻呈现低阻值，当光线弱时，

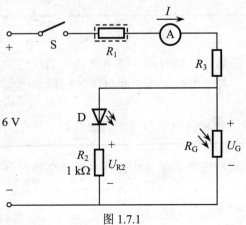

图 1.7.1

光敏电阻呈现高阻值。

（2）实验要求。

◇　理解光控发光电路的工作原理。

◇　按图 1.7.1 连接电路，将 R_3 用 39 kΩ电位器替代。按如下过程操作，并将测量结果记录在表 1.7.1 中。

（a）将电阻 R_3 旋至最大。

（b）将开关 S 闭合，用任意物体将光敏电阻 R_G 遮盖，从大到小调节 R_3，使发光二极管 D 刚好发光为止。记录此时电流 I、电阻 R_G 两端的电压 U_G 和电阻 R_2 两端的电压 U_{R2}。

（c）去掉遮盖物，记录发光二极管的变化，记录此时电流 I、电压 U_G 和 U_{R2}。

（d）继续减小 R_3，使发光二极管 D 再次发光，记录此时电流 I、电压 U_G 和 U_{R2}。

◇　观察保险电阻 R_1 的作用。继续减小电阻 R_3 直至 D 灭，此时 R_1 应是断开的，U_G 两端电压应为 0。

表 1.7.1

操作步骤	I / mA	U_G / V	U_{R2} / V	D 的状态	计算 R_G
（b）					
（c）					
（d）					

5. 实验总结要求

（1）叙述图 1.7.1 的工作原理。

（2）根据不同情况下的实验数据计算 R_G。

（3）根据实验过程中发光二极管状态的变化，说明其原因。

实验 1.7.2　电容器

1. 实验目的

（1）了解电容器的分类。

（2）了解各类电容器的特点。

（3）掌握电容器的一般使用方法。

2. 实验预习要求

（1）认真阅读本实验及附录中的相关内容。

（2）理解实验原理。

3. 实验仪器和设备

序号	仪 器 名 称	型 号	数量
1	数字式万用表	VC9802A+	1 块
2	可跟踪直流稳压电源	SS3323	1 台
3	实验板	——	1 块

4. 实验内容及要求

（1）实验原理。

实验电路如图 1.7.2 所示，此电路为节能照明电路，不使用时不消耗电能。其工作过程为：

平时场效应管 T 的控制栅极因无控制电压而处于截止状态，源极和漏极间的电阻很大，相当于开路，切断灯的供电回路，灯不亮。当按开关 S_1 时，经降压电阻 R_2 向电容 C 充电。C 充电后，向 T 栅极提供控制电压，场效应管 T 饱和导通，灯点亮。

（2）实验要求。

◇ 按图 1.7.2 进行接线。

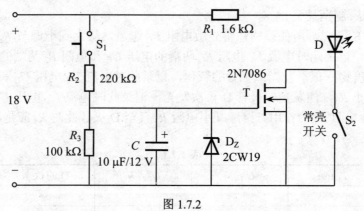

图 1.7.2

◇ 按一下开关 S_1，观察灯亮和灯灭的过程；并用电压表观测电容 C 的电压变化过程；同时记录灯亮的延时时间和灯亮的时间。

◇ 完成灯自动熄灭的电路分析。

5. 实验总结要求

（1）描述电路的整个工作过程。

（2）计算从开关 S_1 闭合到灯亮的时间；计算灯亮的持续时间。

实验 1.7.3　电感器

1. 实验目的

（1）了解电感器的分类。

（2）了解各类电感器的特点。

（3）掌握电感器的一般使用方法。

2. 实验预习要求

（1）认真阅读本实验及附录中的相关内容。

（2）理解实验原理。

3. 实验仪器和设备

序号	名　称
1	仿真软件中 12 V 直流电源
2	若干电阻、电感、电容、二极管、三极管等虚拟元件
3	多路虚拟示波器

4. 实验内容及要求

（1）实验原理。

实验电路如图 1.7.3 所示，这个电路是有感滤波开关式稳压电源。图中 T_2 和 T_3 是扩大电流用的开关管。555 接成多谐振荡器。

当振荡器输出为高电平时，T_2 和 T_3 导通，向电感 L 和电容 C_2 充电；输出低电平时，使储存在电感 L 和电容 C_2 里的能量，通过续流二极管 D 构成回路，向负载供电。

当输出电压 U_o 超过稳压管的击穿电压 U_Z 和 T_1 发射结正向压降之和时，T_1 导通，强迫 555 复位，即输出低电平，继续由电感 L 和电容 C_2 向负载供电，使输出电压减小。T_1 截止后，555 继续振荡，实现动态平衡，使输出电压稳定在设定值上。

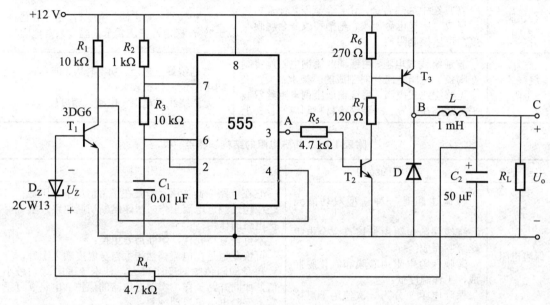

图 1.7.3

（2）实验要求。

◇ 理解图 1.7.3 有感滤波开关式稳压电源工作原理。

◇ 计算 555 的振荡周期。

◇ 用仿真软件仿真，按图 1.7.3 连接电路，用示波器观察 A、B、C 三点波形。

5. 实验总结要求

通过改变图 1.7.3 电路中某个参数，来改变振荡周期的大小，并重新计算此时的振荡周期。

附录 1.7　电路基本元件的介绍

1. 电阻器的介绍

（1）电阻器的分类。

电阻器的种类繁多，大致分为两类，一类是固定电阻器，另一类是可变电阻器。固定电阻器有薄膜式电阻，金属绕线式电阻，特殊电阻等。限于篇幅，这里仅介绍较常用的电阻器。

（2）电阻器的结构和特点。

附表 1.7.1 是薄膜式和绕线式电阻的结构和特点。附表 1.7.2 是特殊电阻的结构和特点。特殊电阻包括保险电阻和敏感电阻。附表 1.7.3 是可变电阻器的结构和特点，可变电阻器的阻值在特定的范围内可任意改变，主要用在一些阻值可以调整的电路中。

附表 1.7.1　薄膜式和绕线式电阻的结构和特点

电阻种类	电阻的结构	电阻的特点
碳膜式电阻	利用沉积在瓷棒或瓷管上的碳膜作为导电层，通过改变碳膜的厚度和长度可以得到不同的阻值	没有电感，能够在短时间内承受超过额定功率的冲击。功率在 1/8～2 W，价格低；误差大，误差在±5%、±10%、±20%、属于负温度系数电阻
金属膜电阻	在真空中加热合金，让合金蒸发，使瓷棒表面形成一层导电金属膜，刻槽和改变金属膜厚度，可以控制阻值	体积较小，噪声低，精度高，在±0.1%～±2%，稳定性好，属于正温度系数电阻
绕线式电阻	普通绕线式电阻，用锰铜或康铜电阻丝绕制在陶瓷、树脂绝缘材料制成的骨架上；无感绕线式电阻，用锰铜或康铜电阻丝双线平行绕制在陶瓷、树脂绝缘材料制成的骨架上	普通绕线式电阻，功率较大，但具有一定的电感量，体积较大；无感绕线式电阻无电感，精度较高

附表 1.7.2　特殊电阻的结构和特点

电阻种类	电阻的结构	电阻的特点
保险电阻	保险电阻是一种新型双功能元件；绕线保险电阻由低熔点合金电阻丝绕制而成；薄膜保险电阻由碳膜和氧化膜制成，工作温度低；保险电阻又分为一次使用不可恢复型和连续使用可恢复型	它在电路中的作用，一是在正常情况下起限流；二是在超过额定电流工作时快速熔断切断电路，实现保护电路的作用；不可恢复型元件，熔断后要更换；可恢复型是在电流骤然增大自身温度随之上升，导致自身的阻值瞬时变得很大，使电流瞬时减到最小值，如同开路一样，实现对电路的保护。电路恢复正常，保险电阻可自动恢复；功率在 0.25～3 W，阻值范围为 0.22 Ω～10 kΩ
热敏电阻	Pt 热敏电阻以金属材料——铂（Pt）为敏感元件的薄膜型热敏电阻，阻值随温度线性变化	Pt 热敏电阻精度高，灵敏度高，具有很好的线性度。价格较贵，用于要求线性度好、精度高的测温、控温场合
	PTC 热敏电阻，是以钛酸钡为主要原料的化合物制成的。具有正温度系数	PTC 热敏电阻，在常温下只有几欧姆或几十欧姆，当通过的电流超过额定值，电阻的温升到达某一个温度点时，其阻值能在 1～2 s 内急剧上升到几百欧姆甚至数千欧姆。元件的功率大，可达几瓦至几百瓦。广泛应用于家用电器和工业自动化等方面
	NTC 热敏电阻，是用过渡金属氧化物混合物制成。具有负温度系数。分为普通型和精密型	NTC 热敏电阻，在常温下呈现几百欧姆或数千欧姆的高阻态，当所感受的环境温度升高或通过的电流增大时，其阻值会下降至几十欧姆或几欧姆。NTC 热敏电阻的额定功率很小，几毫瓦，不能承受过大电流。用于感温为主的测温系统
光敏电阻	光敏电阻是根据常用半导体光敏材料在光能的作用下，其内部导电率发生变化的物理现象制成的；光敏电阻分为两大类，一类是应用广泛的可见光光敏电阻，另一类是不可见光光敏电阻，其原理相同，只是所选用的光敏半导体材料不同	光敏电阻灵敏度高，光谱响应范围宽、体积小、重量轻、机械强度好、抗过载能力强、寿命长等；光照越强，其阻值越小

附表 1.7.3　可变电阻器的结构和特点

电阻种类	电阻的结构	电阻的特点
旋转式电位器	可变电阻器有 3 个引脚，两个为定片引脚，一个为动片引脚。旋转式电位器通常有 3 种结构： 第一种是旋转式绕线电位器，它是由电阻丝绕制在环形骨架上制成； 第二种是旋转式碳膜电位器，它的材料是用碳膜制成； 第三种是多联同步旋转式电位器，在结构上，它是将两个以上等阻值的旋转式电位器转轴共为一轴，同步转动	旋转式绕线电位器，阻值范围小，功率较大； 旋转式碳膜电位器，特点与碳膜式电阻相同； 多联同步旋转式电位器，可以达到对几个单元电路同步调节的目的，对整体系统调试提供了极大方便
直线电位器	直线电位器的滑动端是直线运动轨迹，所用材料与旋转式电位器相同	这种电位器的直线运动，使工作可靠性得到了提高，使用寿命长。但体积较大，功率<0.5 W
多圈电位器	多圈电位器是将较细的金属丝缠绕在较粗的绝缘钢丝上，再将钢丝弯成螺旋管状。螺旋管的圈数应保证 10 圈，旋转手柄每旋转一周，滑块在钢丝上滑动一圈，相当于走了 R/10 的行程	这种电位器调节细微，线性度好，动态性能好，工作可靠、寿命长。用于电子测量仪器和要求较高的测试设备上

（3）电阻器的选择。

选择所使用的电阻器要根据不同的用途及场合来进行，一般家用电器和普通的电子设备，可选用通用型电阻器，如碳膜式电阻、绕线式电阻。如果是军用电子设备及特殊场合使用的电阻器，就要选择高精密型的电阻。选择电阻时有阻值、误差、额定功率这 3 个参数。电阻值的大小根据具体电路来确定。误差大小要根据实际需要的精度选，精度高，价格也高。功率是指电阻器长期工作所允许承受的最大功率，可按下式进行计算

$$P = I^2 R = \frac{U^2}{R}$$

式中，U 为额定电压；I 为额定电流。选用的额定功率比计算功率大一些的电阻器即可。选用功率型电阻器的额定功率比实际要求功率高 1～2 倍。

（4）电阻器的应用。

电阻器的应用非常广泛，在电路中所起的作用归纳如下：限流、分流、降压、分压、耦合、测量、发热、阻抗匹配、保险等。

2. 电容器的介绍

（1）电容器的分类。

电容器的种类繁多，有不同的分类方法，如按介质分，可分为电解电容、膜介质电容、空气介质电容等；按结构形式分，可分为固定电容、半可变电容和可变电容，等等。这里主要按电容的不同介质来介绍较常用的电容器。

（2）电容器的结构和特点。

附表 1.7.4 是常用的介质电容器的结构和特点。

附表 1.7.4　常用介质电容器的结构和特点

电容种类	电容的结构	电容的特点
铝电解电容	由作为电极的两条等长、等宽的铝金属箔片夹以电解物质，并以极薄的氧化铝膜作为隔离介质卷制而成	最突出的优点是容量大，但漏电大，误差大，稳定性差。主要用于交流旁路和滤波。此类电容有正负极之分，使用时不能接反
钽电解电容	它的阳极是由小的钽金属颗粒和黏合剂组成的混合物。用金属氧化物作为电介质，阴极引脚焊接在银层上	体积较小，性能稳定，漏电流小。额定电压较低，一般在 30～50 V。用在要求较高的设备中
纸介电容	用两片金属箔作电极，夹在极薄的电容纸中，卷成圆柱形或扁柱形，然后封装在金属壳或绝缘材料壳中制成	体积较小，容量较大，工作电压较高。但是电感和损耗都比较大，适用于低频电路
金属化纸介电容	结构和纸介电容类似，它是在电容纸上覆上一层金属膜来代替金属箔	体积小、容量大，用于低频电路
油浸电容	将介质电容浸在经过处理的油里，提高它的耐压能力	容量大，耐压高，体积大
薄膜电容	结构与纸介电容相同，但介质是涤纶或聚苯乙烯	体积小，容量大，稳定性好，适于作旁路电容
陶瓷电容	用陶瓷作介质，在陶瓷基体两面喷涂银层，再烧结成薄膜极板电极而成	体积小，耐热性高，绝缘电阻大，但容量小，适用于高频电路
玻璃釉电容	制作与陶瓷电容类似，但是以玻璃釉作介质	具有陶瓷电容的特点，体积更小
云母电容	两个金属铂中间以云母作介质	绝缘电阻大，容量范围小，精度较高，稳定性好，用在高频电路中

（3）电容器的选择。

应根据电路要求选择电容器的类型。对于低频和直流电路，一般选择纸介电容或磁介电容。在高频电路一般选用云母电容、高频磁介电容。在要求较高电路中，可选用塑料薄膜电容。在电源滤波、去耦电容电路中，一般可选用铝电解电容等。

电容器的参数主要是容量和额定电压。电容器的电容量偏差一般在±5%～±20%。在一般的低频耦合等电路中，只要比计算值稍大一些即可。在定时振荡等电路中，要选用精度较高的电容器。

电容器的额定电压是指电容长期工作而不致击穿的直流电压。额定电压随电容器种类不同而有所不同，电容器使用时不能超过其额定电压，通常使电容器的额定电压高于实际电压的 1～2 倍。另外理想电容器的介质是不导电的绝缘体，实际上总会有一些很小的漏电，所以使用时也应引起注意，一般无极性电容的漏电电流极小。

（4）电容器的应用。

电容器的应用也非常广泛，如滤波、耦合、隔直通交、旁路、移相、储能、延时、加速、倍压等。

3. 电感器的介绍

（1）电感器的结构和特点。

能够产生自感和互感作用的器件为电感器，其在电路中的应用量比电阻和电容少一些。最简单的电感器就是用导线空心地绕若干圈，如果在线圈中放入磁芯，就是磁芯电感器。通常电感器由铁芯或磁芯、骨架和线圈等组成，线圈绕在骨架上，铁芯或磁芯插在骨架内。

（2）电感器的分类。

电感器的种类也较多，也有不同的分类方法。按电感量是否可调分为固定电感器和可变电感器。按磁芯材料分可分为空心电感器、铁芯电感器和磁芯电感器等。附表 1.7.5 列出了常用电感器的结构和特点。

附表 1.7.5　电感器的结构和特点

电感器的种类	电感器的结构	电感器的特点
空心电感	磁路的介质为空气，空心电感又分为带骨架和无骨架两种。可以是固定电感也可以是可调电感	电感量较小，用于高频电路，作振荡线圈和选频线圈等
铁芯电感	磁路介质为电工软件、硅钢片等铁芯介质	电感量较大，可作扼流圈、镇流器、变压器等
磁芯电感	磁路介质是高磁导率软磁性材料，其磁路有闭合和不闭合两种。磁芯电感又分固定磁芯电感和可变磁芯电感。	磁路不闭合的电感量不大，体积小，性能稳定；磁路闭合的电感量大，体积大；可变磁芯电感，用于通信机及各种雷达等电子设备中
可变电感	在线圈中插入磁芯或铁芯，通过改变它们在线圈的位置便可改变电感量；或通过在线圈上设置一滑动的接点，通过改变接点在线圈的位置来调节电感量；或将线圈引出数个抽头，来调节电感量	能方便的调节电感量

（3）电感器的选择。

电感量表示了电感器的电感大小，它与线圈的匝数和有无磁芯有关，允许偏差为 $\pm 5\%$～$\pm 20\%$。选择电感时很重要一个参数——额定电流，它是允许通过电感器的最大电流。当通过电感器的工作电流超过这一值时，电感器将有被烧坏的危险。

（4）电感器的应用。

电感器的应用非常广泛，在电路中所起的作用有：扼流、隔离、振荡、感应、耦合、滤波、传输能量等。

第2章

模拟电子技术实验

实验 2.1　电压放大电路和功率放大电路

实验 2.1.1　硬件实验

1. 实验目的

（1）掌握共发射极放大电路的参数对放大电路性能的影响。

（2）学习调整交流电压放大电路的静态工作点、测量电压放大倍数的方法。

（3）了解射极输出器在多级放大电路中的作用。

（4）学习集成功率放大电路的应用。

（5）熟悉数字示波器、交流毫伏表的使用方法。

2. 实验预习要求

（1）如何调整放大电路的静态工作点？放大电路电压放大倍数与哪些因素有关？

（2）放大电路输出信号波形在哪些情况下可能产生失真？应如何消除失真？

（3）射极输出器有何特点和作用？

（4）了解集成功率放大电路的典型应用，如何通过外接元件设置放大倍数？

3. 实验仪器和设备

（1）仪器设备：

序号	名　　称	型　　号	数　　量
1	多级放大电路实验板	—	1 块
2	电子技术实验箱	TPE–ES1BIT	1 台
3	双通道函数发生器	DG1022	1 台
4	数字式万用表	VC9802A+	1 块
5	双通道交流毫伏表	DF2172C	1 台
6	数字示波器	DS1052E	1 台

（2）多级放大电路实验板介绍：图 2.1.1 是多级放大电路实验板的印制电路，它由 3 个单级放大电路组成。

T_1 与其周围元件可以组成一级固定偏置或分压式偏置共发射极放大电路，T_2 构成一级分压式偏置、并带有电流负反馈的共发射极放大电路，T_3 构成一级射极输出器。

第一级放大电路有两个独立的集电极电阻 $R_{C1} = 3\ \text{k}\Omega$，$R'_{C1} = 1.5\ \text{k}\Omega$，发射极电阻由 R'_{E1} 和 R_{E1} 串联构成，旁路电容 C_{E1} 用来控制是否引入交流电流负反馈及控制反馈深度。

三级放大电路的上偏置电阻 R_{B11}、R_{B21}、R_{B31} 都是由一个固定的 $10\ \text{k}\Omega$ 电阻串联一个电位器构成。调节各电位器，可为各级放大电路设定合适的静态工作点。

每一级放大电路相互独立，可根据需要灵活组成单级或多级阻容耦合放大电路。射极输出器既可接在末级，也可接在第一级，或作为中间级，只要改变电路实验板上的接线即可。

电路实验板上"+12 V"用来接直流电源，"输入 u_i"用来外接输入信号（为方便调整，可将 u'_{i1} 与 u_{i1} 相连，则 u_i 端信号经 R_{i1} 和 R_{i2} 分压后，使 u'_{i1} 比 u_i 衰减约 10 倍），"输出 u_o"是放大电路的输出端。每级放大电路还有各自独立的输出端 u_{o1}、u_{o2}、u_{o3}。电路实验板的印制电路已将几个"地"端固定连接在一起（电子实验要求整个实验系统共地）。

另外电路实验板还设有几个专用电阻供实验时使用。$R_L = 3\ \text{k}\Omega$ 可作为放大电路的外接负载。$R_F = 39\ \text{k}\Omega$ 为反馈电阻，当需要引入级间电压负反馈时，可将 M 点与 u_{o2}、M′点与 T_1 的发射极 e_1 分别相连。

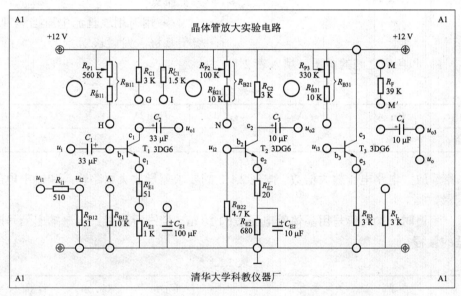

图 2.1.1

（3）LM386 集成功率放大电路：本实验所用 LM386 的引脚功能如下表所示，实验中电源电压为 $+U_{CC} = +9\ \text{V}$。

电 源 端		输 入 端		输出端	增益设定	旁 路
$+U_{CC}$	地	同相	反相	u_o	接 R、C 或开路	接电容
6	4	3	2	5	1	8	7

4. 实验内容及要求

（1）把各仪器调整到待用状态。

◆ 将放大电路小实验板的 4 个引脚对应插在电子技术实验箱的插孔中，则+12 V 电源线已接到放大电路实验板上。

注意：只有开启实验箱的电源开关，+12 V 电源才能接到放大电路上。

◆ 调节放大电路的输入信号：该信号由 DG1022 型双通道函数发生器提供。

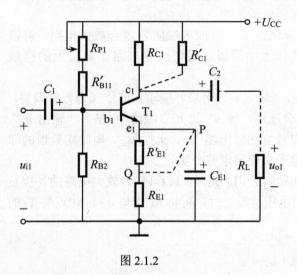

图 2.1.2

函数发生器设置如下：波形选择——正弦波；频率——1 kHz；幅值——5 mV_{RMS}。

（2）关闭各仪器电源，按图 2.1.2 连接放大电路。集电极电阻 $R_C = R_{C1} = 3 \text{ k}\Omega$，放大电路空载，P 点接到发射极 e_1。

（3）调整和测试静态工作点。

◆ 开启实验箱后部电源开关。

◆ 调节电位器 R_{P1}，使晶体管 T_1 的集电极电位 $V_{C1} = 6\sim7$ V，用示波器观察放大电路输出电压 u_{o1} 的波形是否失真。若有失真，可稍稍调节 R_{P1} 消除失真后，再测量静态工作点。

◆ 用万用表直流电压挡测量 T_1 集电极、基极、发射极对参考点"⊥"的电位 V_{C1}、V_{B1}、V_{E1} 和各极之间的电压，填入表 2.1.1 中。

表 2.1.1

测量电量	V_{C1}/V	V_{B1}/V	V_{E1}/V	U_{BE1}/V	U_{BC1}/V	U_{CE1}/V
测量值						

（4）测量放大电路电压放大倍数。按表 2.1.2 的要求测量放大电路输入和输出电压的有效值，并记录数据。

注意：测量时，输入信号用晶体管电压表的 10 mV 挡进行测量；测量输出信号时，注意选择合适的量程。

表 2.1.2

测　试　条　件		U_{i1}/mV	U_{o1}/mV	计算 $A_{u1} = U_{o1}/U_{i1}$
不加交流电流负反馈 （P 点与 T_1 的 发射极 e_1 相连）	$R_C = 3 \text{ k}\Omega$	放大电路空载		
	$R_C = 1.5 \text{ k}\Omega$	放大电路空载		
	$R_C = 3 \text{ k}\Omega$	$R_L = 3 \text{ k}\Omega$		
加入交流电流负反馈 （P 点与 Q 点相连）	$R_C = 3 \text{ k}\Omega$	放大电路空载		
	$R_C = 3 \text{ k}\Omega$	$R_L = 3 \text{ k}\Omega$		
	$R_C = 1.5 \text{ k}\Omega$	$R_L = 3 \text{ k}\Omega$		

（5）观察输出信号与输入信号之间的相位关系。选择放大电路 $R_C = 3 \text{ k}\Omega$，放大电路空载。然后用示波器的两个通道同时观察输入、输出电压波形，并将波形记录于表 2.1.3 中。（要求

标出横轴和纵轴的单位。)

表 2.1.3

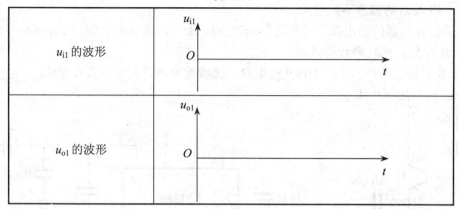

u_{i1} 的波形	
u_{o1} 的波形	

（6）观察静态工作点对输出波形失真的影响。选择 $R_C = R_{C1} = 3\ \mathrm{k\Omega}$，放大电路空载。按表 2.1.4 中的要求观察 u_{o1} 的波形并记录。

注：为方便观察失真现象，逐渐加大输入信号约 100 mV，但不要超过 200 mV。

表 2.1.4

给 定 条 件	u_{o1} 的 波 形	
	不加交流负反馈	加入交流负反馈
u_{o1} 不失真（$R_C = 3\ \mathrm{k\Omega}$）		
适当加大 u_{i1}，使 u_{o1} 波形的上、下部同时产生失真		
减小 R_{P1}（逆时针旋转 R_{P1}），使 u_{o1} 产生饱和失真		
增大 R_{P1}（顺时针旋转 R_{P1}），使 u_{o1} 产生截止失真		

（7）多级放大电路（射极输出器的研究）。

◇ 将图 2.1.3 电路接在第一级放大电路的输出端，T_1 加入交流电流负反馈。

◇ 调整 T_1 静态工作点为 $V_{C1} = 6 \sim 7\ \mathrm{V}$，输入信号 u_{i1} 为频率 1 kHz，$U_{i1} = 5\ \mathrm{mV_{RMS}}$ 的正弦波，使输出电压 u_{o1} 不失真，并将其作为 T_3 的输入信号 u_{i3}。

注：若输出信号有失真，可适当减小第一级放大电路输入信号的幅值。

◇ 调节偏置电阻 R_3，使射极输出器的静态工作点 $V_{E3} = 6\ \mathrm{V}$ 左右。

◇ 按表 2.1.5 给定条件测量并记录数据。

表 2.1.5

	U_{i1}	U_{o1}	U_{o3}	$A_{u1} = U_{o1}/U_{i1}$	$A_{u3} = U_{o3}/U_{o1}$	$A_u = U_{o3}/U_{i1}$
射极输出器空载						
射极输出器 $R_L = 3\ \mathrm{k\Omega}$						

（8）集成功率放大器的应用。按图 2.1.4 连接集成功率放大器。其中 u_i 是集成功放的输入，由 DG1022 型双通道函数发生器提供，选择正弦波，输入信号有效值 $U_i \approx 0.1$ V。

注意：输入 u_i 的幅值不要过大。

改变函数发生器的输出频率，分别为：$f_1 = 330$ Hz（钢琴中央 C 调的 3），$f_2 = 396$ Hz（钢琴中央 C 调的 5），比较声音的区别。

在 1、8 引脚之间接入一个 10 μF 的电容，比较输出声音大小是否有变化。

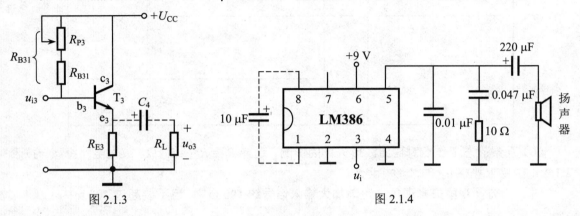

图 2.1.3　　　　　　　　　　　　　图 2.1.4

5. 实验总结要求

（1）根据表 2.1.2 中的实验数据，计算不同条件下的 A_u，分析它与哪些因素有关？

（2）由实验结果，说明静态工作点对共发射极放大电路输出波形失真的影响及负反馈的作用。

（3）放大电路的静态与动态测试有何区别？

实验 2.1.2　仿真实验

1. 实验目的

（1）掌握共发射极放大电路的参数对放大电路性能的影响。

（2）学习调整交流电压放大电路的静态工作点、测量电压放大倍数的方法。

（3）了解静态工作点稳定放大电路的工作原理。

（4）学习 Multisim 软件的参数扫描、温度扫描分析方法。

2. 实验预习要求

（1）如何调整放大电路的静态工作点？静态工作点与哪些电路参数有关？

（2）放大电路电压放大倍数与哪些因素有关？

（3）预习参数扫描、温度扫描参数的设置方法。

3. 实验仪器和设备

序号	名　称	元件库路径与名称	参数设置
1	直流电压源	Sources/POWER_SOURCES/VCC	12 V
2	交流信号源	Sources/SIGNAL_VOLTAGE_SOURCES/AC_VOLTAGE	Voltage（RMS）：7 mV Frequency（F）：1 kHz AC Analysis Magnitude：7 mV

续表

序号	名 称	元件库路径与名称	参数设置
3	电源地	Sources/POWER_SOURCES/GROUND	无需设置
4	电解电容	Basic/CAP_ELECTROLICT/10μF-POL	无需设置
5	电 阻	Basic/BASIC_VIRTUAL/RESISTOR_VIRTUAL	按需设定
6	电位器	Basic/POTENTIOMETER/200K_LIN	无需设置
7	晶体管	Transistors/BJT_NPN/2N2222A	无需设置
8	单刀单掷开关	Basic/SWITCH/SPST	需设置按键值
9	单刀双掷开关	Basic/SWITCH/SPDT	需设置按键值

4. 实验内容及要求

（1）连接电路。按图 2.1.5 接线，并设置电路参数。

（2）调整放大电路的静态工作点。通过按 Space（空格键）或 Shift+Space 键，调节电位器 R_P 的阻值（在 20%~30%），使集电极电位 V_C 为 6~7 V。

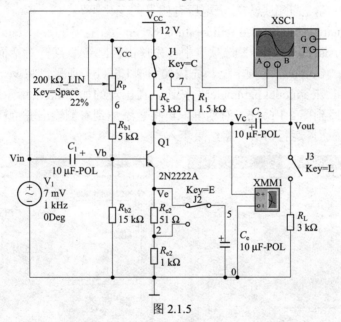

图 2.1.5

◇ 改变电位器 R_P 阻值变化的步长：双击电位器 R_P，在元件的属性对话框的"Value"选项卡中，设定"Increment"属性值为所需。同时在该选项卡属性中，还可通过改变"Key"的属性为 A，使电位器 R_P 的阻值在按 A 键后增加，按"Shift+A"后减小。

◇ 改变节点名（Net Name）：双击节点所属导线，在 Net 对话框中修改"Net Name"的值为所需节点名。在该对话框中，还可改变导线的颜色。在双通道示波器显示中，可用不同颜色来显示不同的信号，以利于观察。

（3）测量放大电路电压放大倍数。按表 2.1.6 的要求测量放大电路输入和输出电压的有效值，将数据记入表中。

注意：① 测量输出信号用图 2.1.5 中的万用表 XMM1；每次改变集电极电阻 R_c 和负载

电阻 R_L 时，需先停止仿真运行，再改变阻值，然后再次运行观察输出电压的变化。

② 在计算放大倍数时，还需注意正弦电压信号源 V_1 的设置：**7 mV** 为有效值，用万用表测量的电压值即为有效值。

表 2.1.6

测 试 条 件		V_{in} / mV	V_{out} / mV	计算 $A_u = V_{out} / V_{in}$
不加交流电流负反馈	$R_c = 3$ kΩ 放大电路空载			
	$R_c = 1.5$ kΩ 放大电路空载			
	$R_c = 3$ kΩ $R_L = 3$ kΩ			
加入部分交流电流负反馈	$R_c = 3$ kΩ 放大电路空载			
	$R_c = 3$ kΩ $R_L = 3$ kΩ			
	$R_c = 1.5$ kΩ $R_L = 3$ kΩ			

（4）观察温度变化对放大电路静态工作点和放大倍数的影响。如图 2.1.5 所示放大电路（无负反馈），通过开关 J1、J3 选择 $R_c = 3$ kΩ，$R_L = 3$ kΩ。按如下步骤设置仿真参数，并回答：随着温度改变，静态工作点与输出电压有明显的变化吗？

◆ 单击"Simulate→Analyses→Temperature Sweep…"，打开"Temperature Sweep Analysis"对话框，在"Analysis Parameters"选项卡中，先单击"More"展开对话框，然后按图 2.1.6 所示设置参数。在"Output"选项卡中，先按如图 2.1.6（b）所示，将 vc、vb、ve 添加到右侧。再单击"Add device/model parameter"按钮，在出现的如图 2.1.7 所示对话框中选中 ic，单击 OK 按钮，退后到图 2.1.6（b）对话框，再将之添加到右侧输出变量栏中。完成设置后，单击"Simulate"按钮，运行仿真，将结果填入表 2.1.7 中。

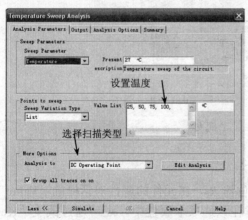

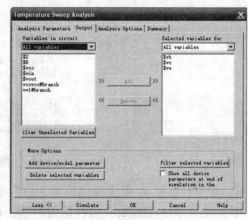

（a）设置温度和扫描类型   （b）设置输出参数

图 2.1.6

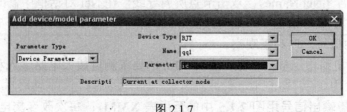

图 2.1.7

表 2.1.7

温度 / ℃	vb	ve	vc	ic
25				
50				
75				
100				

◈　重新打开图 2.1.6 所示对话框，将扫描类型改为"Transient Analysis"，输出只观察 Vout。注意观察，随着温度的变化，输出电压是否有较大的变化。

（5）观察不同电流放大系数 β 的晶体管对静态工作点和放大倍数的影响。如图 2.1.5 所示放大电路（无负反馈），通过开关 J1、J3 选择放大电路 R_c = 3 kΩ，负载电阻 R_L = 3 kΩ。按如下步骤设置仿真参数，并观察随着晶体管电流放大系数 β 的改变，静态工作点和输出电压是否有明显的变化。

◈　单击"Simulate→Analyses→Parameter Sweep…"，打开"Parameter Sweep Analysis"对话框，在"Analysis Parameters"选项卡中，先单击"More"展开对话框，然后按图 2.1.8 所示设置参数。完成设置后，单击"Simulate"按钮，运行仿真。将结果填入表 2.1.8。

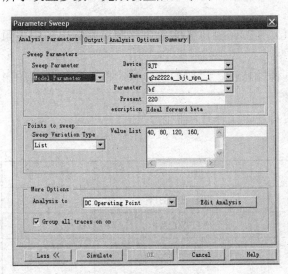

（a）设置参数扫描类型

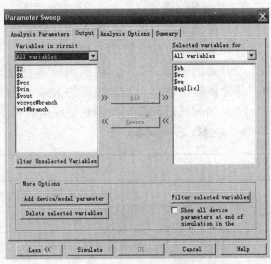

（b）设置输出参数

图 2.1.8

表 2.1.8

电流放大系数	vb	ve	vc	ic
40				
80				
120				
160				

◈ 重新打开图 2.1.8 所示对话框，将扫描类型改为"Transient Analysis"，输出只观察 Vout。注意观察，随着电流放大系数的变化，输出电压是否有较大的变化。

5. 实验总结要求

（1）根据表 2.1.6 中的实验数据，计算出各种条件下的电压放大倍数，分析它与哪些因素有关。

（2）根据表 2.1.7 和表 2.1.8，回答环境温度和晶体管的电流放大系数变化，是否对放大电路的静态工作点产生影响。

（3）根据实验结果，回答环境温度和晶体管的电流放大系数的变化对放大电路的电压放大倍数产生多大的影响。

实验 2.2　集成运算放大器的应用（一）

1. 实验目的

（1）学习正确使用集成运算放大器的方法。

（2）掌握集成运算放大器在模拟信号运算方面的应用。

（3）掌握电压比较器的特性。

2. 实验预习要求

（1）按照本实验的"实验内容及要求"（1）、（2），画出各实验电路图，并标出图中电阻的阻值和集成运算放大器的引脚号码。

（2）画出图 2.2.3 所示电压比较器的电压传输特性，说明参考电压对电压传输特性的影响，并分析输出波形与输入波形的关系。

（3）如何通过测量手段判断集成运算放大器是否工作在线性区。

3. 实验仪器和设备

序号	名　称	型　号	数　量
1	电子技术实验箱	TPE–ES1BIT	1 台
2	数字式万用表	VC9802A+	1 块
3	双通道函数发生器	DG1022	1 台
4	数字示波器	DS1052E	1 台
5	集成运算放大器	μA741	1 片
6	硅稳压管	2CW11 / 14	各 2 只

4. 实验器件介绍

（1）本实验采用通用型集成运算放大器 μA741，它具有较高的开环电压放大倍数 A_{uo}（约为 2×10^5），高输入阻抗 r_{id}（约为 2 MΩ），高共模抑制比等特点。

集成运算放大器 μA741 为 8 引脚、双列直插式扁平封装，各引脚功能如表 2.2.1 所示。

表 2.2.1

电源端		输入端		输出端	接调零电位器		空　脚
$+U_{CC}$	$-U_{EE}$	u_+	u_-	u_o	OA$_1$	OA$_2$	NC
7	4	3	2	6	1	5	8

（2）集成运算放大器 μA741 电源电压的允许范围为 ±9～ ±18 V。本实验中取正电源为 $+U_{CC}=+15\,V$，负电源为 $-U_{EE}=-15\,V$。

（3）硅稳压管 2CW11 和 2CW14 的电参数如表 2.2.2 所示。

表 2.2.2

名　称	型　号	稳定电压/V	稳定电流/mA	最大稳定电流/mA
硅稳压管	2CW11	3.2 ～ 4.5	10.5	55
	2CW14	6 ～ 7.5	10	33

5. 电子电路实验注意事项

（1）接好线路经检查正确无误后再通电，严禁带电接线，以免造成设备或芯片损坏。

（2）实验所用到的芯片、电阻器、电容器、二极管、稳压管等元器件由实验箱提供。

（3）在实验中整个实验系统应共"地"：函数发生器的"−"、示波器的"地"、毫伏表的"地"以及电路中所有"地（⊥）"均应连接在一起，成为"公共端"，即作为"参考点"。

（4）本实验所使用的 DS1052E 型数字示波器，其测试线选"×1"位置，使用示波器时，应设置示波器"探头"选项为"1×"；读数时信号无衰减，幅值的实际值 = 测量值。

6. 实验内容及要求

（1）反相比例运算电路。

◇ 设计电路：要求 $A_{uf}=-10$，$R_F=100\,k\Omega$，画出电路图，并计算电路中未知电阻阻值。

◇ 按预先设计的电路图连接反相比例运算电路。

◇ 按表 2.2.3 要求，调整直流输入电压 u_i（由实验箱上的 −12 ～ +12 V 电源提供），测量输出电压 u_o，并计算电路的电压放大倍数 A_{uf}，将测量结果记录在表 2.2.3 中。

注意：① 设计电路时，若电阻阻值为非标称值，选择与实验箱上阻值最接近的电阻。

② 测量输出电压 u_o 时，应选用万用表直流电压挡的合适量程。

表 2.2.3

输入电压 u_i		−0.4 V		0.3 V
输出电压 u_o	理论值		理论值	
	测量值		测量值	
计算 $A_{uf}=\dfrac{u_o}{u_i}$	理论值		理论值	
	测量值		测量值	

（2）同相比例运算电路。

◇ 设计电路：要求 $A_{uf}=4$，$R_F=30\,k\Omega$，画出电路图，并计算电路中未知电阻的阻值。

◇ 按预先设计的电路图连接电路。

◇ 加入 $f = 1$ kHz、$U_{ipp} = 0.6$ V 的正弦输入信号 u_i，由 DG1022 型函数发生器提供。

◇ 用 DS1052E 型数字示波器观察 u_o 与 u_i 之间的相位关系，测量输出电压的峰-峰值 U_{opp}，计算电压放大倍数 A_{uf}，并填入表 2.2.4 中。

◇ 逐渐增大输入信号 u_i，使输出电压 u_o 达到双向饱和而产生失真，用示波器测量运算放大器的饱和电压峰-峰值 U_{opp}（即 $2U_{OM}$），将输出电压 u_o 达到双向失真时所对应的 U_{ipp}、U_{opp}（拐点处的坐标）的测量结果填入表 2.2.4 中。

◇ 用示波器的 CH1 测量 u_i，CH2 测量 u_o，并且调节 CH1、CH2 通道垂直刻度一致。将示波器置于"X–Y"方式，观察电压传输特性曲线，并画在表 2.2.4 中，**注意标出拐点的坐标**。

表 2.2.4

集成运放工作状态	输入电压 U_{ipp}	输出电压 U_{opp}	计算 $A_{uf} = \dfrac{u_o}{u_i}$	电压传输特性曲线（标出拐点处坐标）
线性放大	0.6 V			
饱和失真				

（3）反相积分运算电路。

◇ 按照图 2.2.1 连接反相积分运算电路。

◇ 从 M 点加入 $f = 1$ kHz、幅值为 4 V 的方波输入信号（由 DG1022 型双通道函数发生器提供）。

◇ 用示波器两个通道同时观察输入信号 u_i 和输出信号 u_o 的波形，并画出波形图。

注：① 接线时应注意 **100 μF 电解电容的极性，不要接反**。

② 描绘积分电路的输入、输出波形时，应注意时间上的对应关系，由于积分电路输出信号 u_o 的初始值与电容的初始储能有关，所以不必画出坐标系。

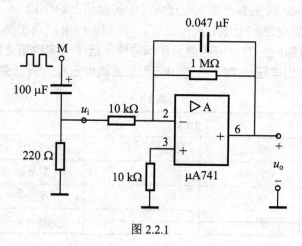

图 2.2.1

（4）反相微分运算电路。

◇ 按图 2.2.2 连接反相微分运算电路。图中 1 kΩ 电位器的作用是为了消除电路中可能产生的自激振荡，使微分电路工作稳定。若用示波器观察波形时，有自激振荡现象，可适当调节该电位器。

◇ 从 M 点加入一个 $f = 1\,\mathrm{kHz}$、幅值为 4 V 的方波输入信号。

◇ 用 DS1052E 型数字示波器同时观察 u_i 及 u_o 的波形，并对应画出波形图。

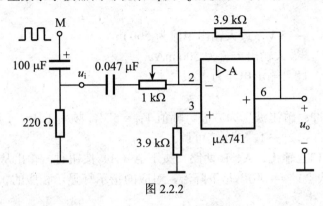

图 2.2.2

（5）电压比较器。

◇ 按图 2.2.3 接好电路，电路中 D_Z1、D_Z2 选用 2CW14 型的稳压管。

◇ 输入信号 u_i 为频率 $f = 100 \sim 200\,\mathrm{Hz}$、$U_\mathrm{ipp} = 10\,\mathrm{V}$ 的正弦波，由 DG1022 型双通道函数发生器提供。参考电压 U_R 由实验箱上的 $-12 \sim +12\,\mathrm{V}$ 电源提供。

◇ 按以下 3 种情况，用示波器同时观察并记录电压比较器的输入、输出电压波形：

① 参考电压 $U_\mathrm{R} = +2\,\mathrm{V}$。

② 参考电压 $U_\mathrm{R} = 0\,\mathrm{V}$。

③ 参考电压 $U_\mathrm{R} = -1\,\mathrm{V}$。

注意：观察、记录波形时，应注意输入波形和输出波形的对应关系。

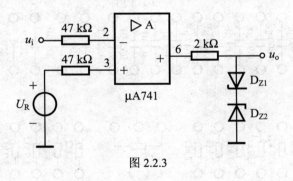

图 2.2.3

7. 实验总结要求

（1）根据实验测量数据，计算表 2.2.3 中的 A_uf，绘制表 2.2.4 中的曲线。

（2）根据实验结果，画出 U_R 取 3 种不同数值时，电压比较器的输入、输出电压波形，并画出相应的电压传输特性曲线。

附录 2.2　TPE-ES1BIT 电子技术实验箱

本实验箱可完成电子技术课程实验。其由电源、信号源、电路实验区等组成，配有 1 块作为元件库的小实验板，提供电阻、电容、二极管等元器件，并方便地插接到实验箱中。元件库见附图 2.2.1，实验箱见附图 2.2.2。

1. 技术性能及配置

（1）电源：

输入：AC220 V。

输出：① +15 V，−15 V，最大输出电流为 500 mA。

② +12 V，最大输出电流为 500 mA。

③ +5 V，最大输出电流为 1 A。

（2）信号源：

◇ 固定连续脉冲：输出波形为方波，幅值 $V_{PP} = 5$ V，频率 1 Hz，1 kHz。

◇ 直流信号源：−12～+12 V 连续可调。

◇ 单次脉冲：TTL 输出，A、B 两路，按下 A（B）按钮时，输出从"0"→"1"，是上升沿，抬起按钮时从"1"→"0"是下降沿。对应的指示灯显示相应的状态，A（B）输出的状态与 $\overline{A}$（$\overline{B}$）的状态相反。

（3）电平指示：D0～D9 共 10 路，用于显示数字电路的输出状态。

（4）逻辑电平：S0～S9 共 10 路，用于提供数字电路的逻辑输入，向上拨动开关，灯亮，代表逻辑"1"；向下拨动开关，灯暗，代表逻辑"0"。

（5）译码显示及 LED 数码显示：实验箱左上方有两个 LED 数码管，可用来显示 0～9 数字，左侧数码管带有译码器，可直接输入 8421 BCD 码，D 为高位，A 为低位。右侧数码管必须经过译码器（如 74LS248）才能显示数字。

2. 使用注意事项

连接线路时不要通电，以防止误操作损坏芯片等器件。

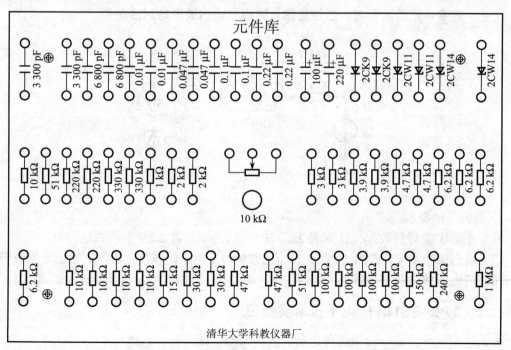

附图 2.2.1

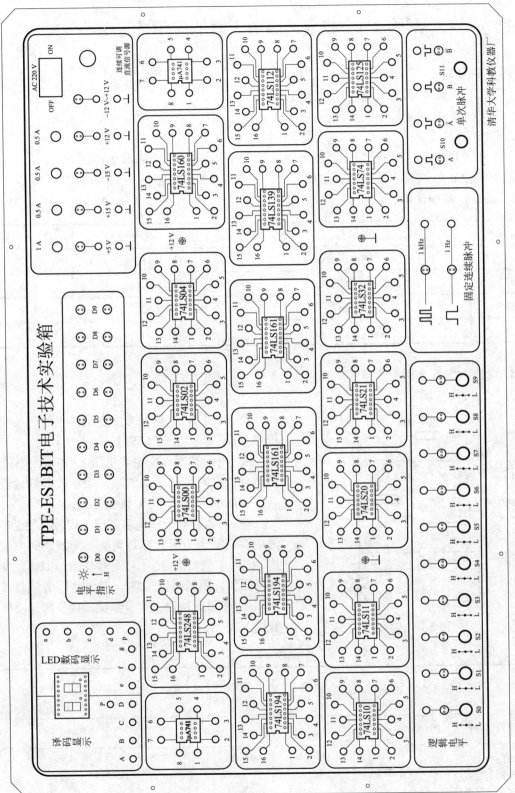

附图 2.2.2

实验 2.3　集成运算放大器的应用(二)

1. 实验目的

(1)了解集成运算放大器在信号产生方面的应用。

(2)进一步掌握示波器的使用方法。

2. 实验预习要求

(1)根据图 2.3.1 中方波发生器的电路参数,计算表 2.3.1 中周期 T 的理论值。

(2)根据正弦波发生器振荡频率的公式,计算图 2.3.2 电路中 f_0 的理论值。

3. 实验仪器和设备

序号	名　称	型　号	数　量
1	电子技术实验箱	TPE-ES1BIT	1 台
2	数字式万用表	VC9802A+	1 块
3	数字示波器	DS1052E	1 台
4	集成运算放大器	μA741	1 片

4. 实验内容及要求

(1)方波发生器。

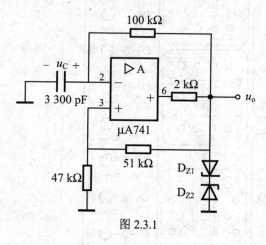

图 2.3.1

◇ 按图 2.3.1 连接方波发生器电路,其中稳压管 D_{Z1}、D_{Z2} 选用 2CW11。

◇ 用示波器观察电容电压 u_C 和输出电压 u_o 的波形,并对应画出其波形。用示波器测量输出方波电压的周期 T 和峰-峰值 U_{opp}。

◇ 用实验箱上的电容或电阻代替图 2.3.1 中的电容或某个电阻,即可得到不同周期的方波。用 2CW14 代替图 2.3.1 中的稳压管,即可改变方波的幅值。用示波器观察 u_o 的波形,并测量其周期和峰-峰值。将以上测量结果及代换的元器件参数填入表 2.3.1 中。

表 2.3.1

原电路参数		改变后的电路参数	
周期 T	输出电压 U_{opp}	周期 T	输出电压 U_{opp}
理论值	测量值	理论值	测量值
测量值		测量值	

（2）正弦波发生器。

◆ 按图 2.3.2 接好线路，其中 D_1、D_2 选用 2CK9 型二极管。

◆ 计算电阻 R 的大小，使输出正弦波的频率 $f = 264$ Hz。

注： 如果计算出电阻的阻值为非标称值，则可在实验箱上取相近阻值的电阻代用。

◆ 用示波器观察输出电压 u_o 的波形，细心调整电位器，以得到幅值尽可能大而又不失真的正弦波形。

◆ 输出电压的波形稳定后，测量其振荡频率 f_0 和峰–峰值 U_{opp}，并填入表 2.3.2 中。

◆ 选用实验箱上的元件，改变 R 或 C 的数值，用示波器观察输出电压 u_o 的波形。

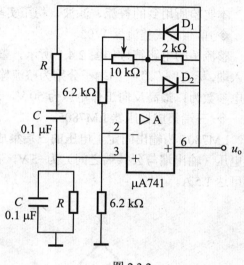

图 2.3.2

表 2.3.2

振荡频率 f_0		输出电压 U_{opp}	
理论值		测量值	
测量值			

5. 实验总结要求

（1）说明方波发生器的周期与哪些参数有关。

（2）试分析正弦波振荡电路中二极管 D_1、D_2 的作用，若其损坏会出现什么现象？

实验 2.4　整流、滤波、稳压电路

1. 实验目的

（1）研究整流、滤波电路输出电压与输入电压之间的关系。

（2）研究稳压管和三端集成稳压器的稳压性能。

（3）掌握数字示波器在本实验中的使用方法与特点。

2. 实验预习要求

复习教材中有关整流、滤波、稳压电路的原理和计算方法。

（1）分别计算表 2.4.1、表 2.4.4 中电压 U_i 和 U_o 的理论值。

（2）熟悉稳压管和三端集成稳压器基本稳压电路的连接方法。

（3）能否用数字示波器的两个通道，同时观察变压器副方电压和负载两端电压的波形？为什么？

3. 实验仪器和设备

（1）仪器设备。

序号	名　　　称	型　号	数　量
1	整流、滤波、稳压实验箱	—	1 台
2	数字式万用表	VC9802A+	1 块
3	数字示波器	DS1052E	1 台

（2）整流、滤波、稳压实验箱的结构和功能。

本实验所用到的整流、滤波、稳压实验箱的面板图如本实验后附录 2.4 所示。

◇ 单相桥式整流器 W02。

整流桥的电路符号如图 2.4.1 所示。整流桥共有 4 个端子，标有"AC"的两端为正弦波输入端，标有"+"、"−"的端子分别为整流输出正、负极性端。实验箱中整流桥的型号为 2W10，其电参数为：最高反向工作电压为 50 V，最大整流电流为 1 A。

◇ 三端集成稳压器 LM7805。

LM7805 为输出固定正电压的三端集成稳压器。LM7805 管脚定义如图 2.4.2 所示。其输出电压（输出端与公共端之间）为+5 V，在额定散热条件下，输出电流为 1 A，最大输出电流可达 1.5 A。

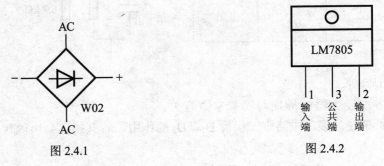

图 2.4.1　　　　　　　　　　　　　图 2.4.2

◇ D_Z 为稳压管，型号是 BZX55C，其稳定电压 U_Z 为 5.8～6.6 V，功率为 500 mW。

4. 实验内容及要求

（1）桥式整流电路的测量。

◇ 按图 2.4.3 连接线路（**虚线所示的电容 C_1 暂不接入**），U_2 取变压器副方 12 V 的抽头，负载电阻 R_L 用变阻器，将其阻值调至最大，即连接附录 2.4 图中 R_L 的 1、3 接线端。

注意：线路连接完毕，必须经指导教师检查无误后，再接通电源。

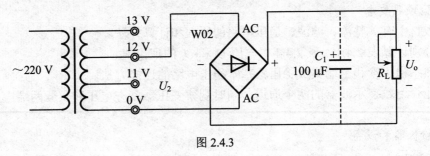

图 2.4.3

◇ 用示波器**分别**观察变压器副方电压和负载两端电压的波形，并记录于表 2.4.1 中。

注意：不能用示波器的两个通道同时观察变压器副方电压 u_2 和负载两端电压 u_o 的波形，因为二者不共地，而两个通道的"地"在示波器内部是接在一起的。

◇ 用万用表的**交流**电压挡测量变压器副方电压有效值 U_2，并记录于表 2.4.1 中。

◇ 用万用表的**直流**电压挡测量负载 R_L 两端电压的平均值 U_o，并记录于表 2.4.1 中。

表 2.4.1

电路	测量	变压器副方电压		负载两端电压		
		波　形	有效值 U_2	波　形	平均值 U_o / V	
桥式整流	无滤波				理论值	
					实测值	
	电容滤波				理论值	
					实测值	

（2）桥式整流电容滤波电路的测量。

◇ 在图 2.4.3 中接入滤波电容 C_1（实验箱上 100 μF/50 V 的电容），将负载电阻 R_L 的阻值调至最大。

注意：C_1 为电解电容器，其正、负极性不能接反（上正下负），否则电容器易击穿。

◇ 用示波器**分别**观察变压器副方和负载两端电压的波形，记录于表 2.4.1 中。

◇ 用万用表的**直流电压**挡测量负载 R_L 两端的电压 U_o，记录于表 2.4.1 中。

（3）稳压管稳压电路的测量。

A. 负载电阻一定，测量输入电压 U_i 的变化对输出电压 U_o 的影响。

◇ 按图 2.4.4 接线，使负载电阻滑动端置于最大，并**保持不变**。

◇ 按表 2.4.2 所给定的数值，改变变压器副方电压 U_2，测量表内所示各电压及电流值，将数据记入表 2.4.2 中。

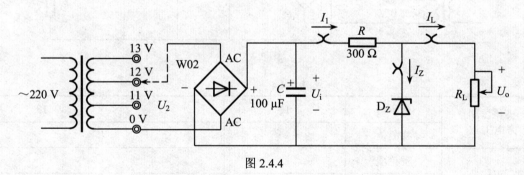

图 2.4.4

表 2.4.2

U_i / V	U_o / V	I_1 / mA	I_Z / mA	I_L / mA
11				
12				
13				

B. 电源电压 U_2 一定，测量负载电阻 R_L 的变化对输出电压 U_o 的影响。

◇ 电路仍为图 2.4.4，$U_2 = 12$ V。

◇ 调节负载电阻 R_L，使 R_L 分别为表 2.4.3 中给定数值，测量相应的电压及电流值并记入表 2.4.3 中。

表 2.4.3

R_L	U_o / V	I_1 / mA	I_Z / mA	I_L / mA
100 刻度				
70 刻度				
50 刻度				

（4）三端集成稳压器稳压电路的测量。

A. 负载电阻一定，测量输入电压 U_i 的变化对稳压器输出电压 U_o 的影响。

◇ 按图 2.4.5 接线，20 Ω电阻为直流电流表保护电阻。由于设置了保护电阻 R，故 U_o 应为 C_1 两端的电压。直流电流表指示负载电流 I_L 约为 50 mA。

◇ 按表 2.4.4 所给定的数值，改变变压器副方电压 U_2，测量表内所示各电压值，将数据记入表 2.4.4 中。

注意：① 每次改变 U_2 时，均应断开实验箱的电源开关。

② 为准确计算 U_i 的理论值，每次改变 U_2 时，均应用万用表的"V～"挡测量 U_2。

③ 在电容 C_1 两端测量电压 U_o。

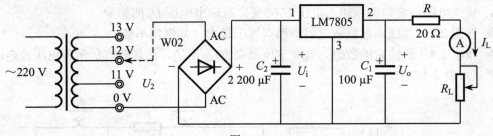

图 2.4.5

表 2.4.4   V

变压器副 方电压 U_2	标示值	11	12	13
	实测值			
U_i	理论值			
	实测值			
U_o	理论值			
	实测值			

B. 电源电压一定，测量负载电阻 R_L 的变化对输出电压 U_o 的影响。

◇ 电路仍为图 2.4.5，$U_2 = 12$ V，直流电流表选择合适的量程。

◇ 调节负载电阻 R_L，使 I_L 分别为表 2.4.5 中给定数值，测量相应的输出电压 U_o，并记入表 2.4.5 中。

$U_2 = 12$ V 　　　　　　　　　　　　表 2.4.5

I_L / mA	20	60	100	140
U_o / V				

5. 实验总结要求

（1）根据表 2.4.1 数据，说明整流输出电压的理论值与实测值之间产生误差的主要原因。

（2）根据实验结果，总结整流、滤波和稳压三部分电路的作用。

（3）简述稳压管稳压电路的原理及作用，并与三端集成稳压器稳压电路比较，说明二者有何异同。

附录 2.4　整流、滤波、稳压实验箱

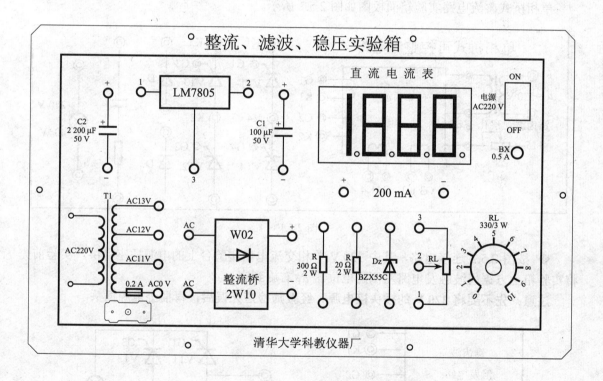

实验 2.5　电力电子器件及应用

1. 实验目的

（1）研究单相桥式半控整流电路、全控整流电路的控制角对输出电压的影响。

（2）了解单相桥式半控整流电路与全控整流电路的区别。

（3）理解单相交流调压电路的工作原理。

（4）掌握数字示波器在电力电子电路实验中的使用方法与特点。

2．实验预习要求

（1）分别计算表 2.5.1 中电压 U_o 的理论值。

（2）晶闸管导通和关断的条件是什么？可控整流与二极管整流有何不同？

（3）阅读附录 2.5，了解电力电子技术实验的注意事项。

3．实验仪器和设备

序号	名　称	型　号	数　量
1	电力电子技术实验箱	MPE-Ⅱ	1 台
2	数字式万用表	VC9802A+	1 块
3	数字示波器	DS1052E	1 台

4．实验内容及要求

（1）单相桥式半控整流电路。

单相桥式整流电路实验箱面板图如图 2.5.1 所示。

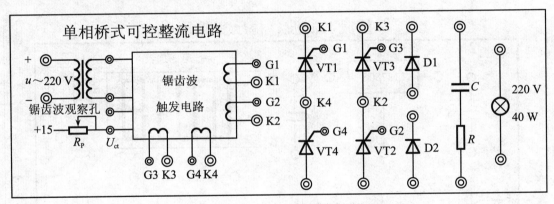

图 2.5.1

◇ 按图 2.5.2 连接电路，其中 220 V 单相交流电由实验台上的电源插座提供。实验前先将实验箱上方锯齿波触发电路左侧的电位器 R_P 右旋到底。

注意：先不要将 220 V 的插头接电源！经教师检查无误后，再插上电源插头。

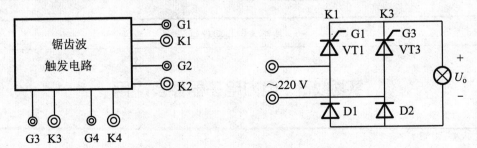

锯齿波触发电路的 K1、G1 接 VT1，K3、G3 接 VT3

图 2.5.2

◇ 调节触发电压控制角，即调整电位器 R_P（当电位器向左旋时，控制角 α 减小），观察白炽灯的亮度变化。用示波器分别观察控制角 $\alpha = 60°$、$90°$、$120°$ 时负载电压 u_o 的波形，并用万用表直流电压挡测量电压的平均值 U_o，记入表 2.5.1 中。

$U = 220$ V

表 2.5.1

测　量 ＼ 控制角	60°	90°	120°
U_o/V　理论值			
U_o/V　实测值			
$u_o(t)$的波形			

（2）单相桥式全控整流电路。

◇ 接线：将图 2.5.2 中二极管 D1、D2 分别换成晶闸管 VT4、VT2，并与相对应的触发电压相连，实验前将锯齿波触发信号的调节电位器 R_P 右旋到底。

◇ 调节电位器 R_P，用示波器分别观察控制角 $\alpha = 60°$、$90°$、$120°$ 时负载电压 u_o 的波形，并用万用表直流电压挡测量电压平均值 U_o，记入表 2.5.2 中。

$U = 220$ V

表 2.5.2

测　量 ＼ 控制角	60°	90°	120°
测量值 U_o/V			

（3）单相交流调压电路。

◇ 将晶闸管 VT1、VT2 反向并联，再与灯泡串联，并对应加入触发信号，接成图 2.5.3 所示电路，先将电位器 R_P 右旋到底。

注意：先不要将 220 V 的插头接电源！经教师检查和允许后，再将插头插到电源上。

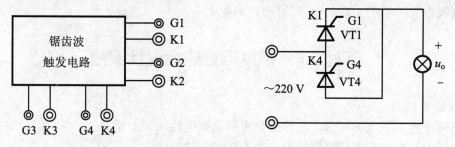

锯齿波触发电路的 K1、G1 接 VT1，K4，G4 接 VT4

图 2.5.3

◇ 调节电位器 R_P，用示波器分别观察控制角 $\alpha = 60°$、$90°$、$120°$ 时负载电压 u_o 的波形，记入表 2.5.3 中。

$U = 220 \text{ V}$ 表 2.5.3

测 量 ＼ 控制角	60°	90°	120°
$u_o(t)$的波形			

5. 实验总结要求

(1)由表 2.5.1 的实验数据说明单相桥式半控整流电路的输出电压 U_o 与控制角 α 的关系。

(2)根据实验结果分析单相可控整流电路与单相调压电路有何异同。

附录 2.5　电力电子技术实验注意事项

(1)双踪示波器有两个探头,可以同时测量两个信号。每个探头分为两根线,一根为地线,另一根为测试线。这两个探头的地线都与示波器的外壳相连接,所以两个探头的地线不能同时接在电路的不同点上,否则将使这两点通过示波器发生电气短路。为此,在实验中可将其中一根探头的地线取下或外包加以绝缘,只使用其中一根地线。

◇ 当需要同时观察两个信号时,必须在电路上找到这两个被测信号的公共点,将探头的地线与公共点相接,两个探头的测试线各接至被测信号处。这样既能在示波器上同时观察到两个信号,又不致发生意外事故。

◇ 当需要观察的两个信号无公共点时,只能用一路探头分别测量两个信号的波形。

(2)为保护整流元器件不被损坏,在实验中需要注意以下事项。

◇ 在控制电压 $U_{ct} = 0$ 时(此时电位器右旋到底),接通主电路电源,然后逐渐加大 U_{ct},使可控整流电路投入工作。

◇ 正确选择负载电阻,必须注意防止过流。在不能确定的情况下,尽可能选择较大阻值的负载电阻,然后根据电流值来调整。

◇ 晶闸管维持正向导通的最小电流称为维持电流 I_H,只有流过晶闸管的电流大于 I_H,晶闸管才能可靠导通。若负载电流太小,可能出现晶闸管时通时断的现象,所以在实验中,应保持负载电流不小于 100 mA,即导通角不能太小。

实验 2.6　模拟电路综合设计实验

1. 实验目的

(1)初步建立系统的概念,培养综合应用模拟电路知识的能力。

(2)学习小型模拟电子系统的设计、安装和调试方法。

2. 实验预习要求

(1)复习功率函数发生器、集成功率放大器、直流稳压电源的工作原理。

(2)根据图 2.6.1 所示简易电子琴原理框图,在给定的元器件范围内,设计简易电子琴电路图,并标出集成芯片的型号和引脚号码(以便于安装、调试)。

（3）根据表 2.6.1 所示 8 个音阶的频率，计算相关电阻、电容的数值。

3. 实验仪器和设备

序号	名　称	型号/规格	数　量
1	电子技术实验箱	TPE–ES1BIT	1 台
2	数字式万用表	VC9802A+	1 块
3	数字示波器	DS1052E	1 台
4	集成运算放大器	μA741	1 片
5	集成功率放大器	LM386	1 片
6	三端集成稳压器	W78××/79××	2 片
7	变压器（带有中心抽头）	100 VA，220V/20×2	1 只
8	整流桥	1 A，500 V	2 只

4. 实验电路的原理和设计要求

（1）简易电子琴电路的组成。

简易电子琴的原理电路组成框图如图 2.6.1 所示。

在图 2.6.1 中，正弦波/方波产生电路是简易电子琴的核心部分，由它按照 8 个音阶产生振荡信号，再将不同频率的振荡信号送到音频功率放大器输入端进行放大，即可听到对应音阶的声音。直流稳压电源的功能是为正弦波/方波发生器、音频功率放大器提供直流电源。

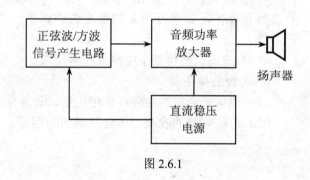

图 2.6.1

（2）简易电子琴电路的设计要求。

◇　正弦波/方波信号产生电路：信号产生电路可由通用型集成运算放大器 μA741 （或其他电路）再加上外围电路组成。信号产生电路既可以采用正弦波振荡电路，也可以采用方波发生电路。电路产生的振荡频率与音阶（钢琴中央 C 调）的对应关系如表 2.6.1 所示。

注意：① 若采用方波产生电路，则振荡频率应为基波频率；

② 设计振荡电路时，建议先选定电容器在 pF～nF 量级，再计算电阻值，最后按照附录 B 的标称电阻系列选择实际电阻阻值。

表 2.6.1

音　阶	1	2	3	4	5	6	7	i
频率 /Hz	264	297	330	352	396	440	495	528

◇　音频功率放大器：音频功率放大器采用 LM386 构成典型应用电路即可。

注意：若信号产生电路输出信号较大时，可用电位器对集成功率放大器的输入信号进行分压或调整。

◇ 直流稳压电源：直流稳压电源的组成框图如图2.6.2所示。由于集成运算放大器 μA741 需要正、负两组电源，故直流稳压电源应提供 ± (10 ～ 15)V 之间的固定电压，稳压电路可选择三端集成稳压器 W7800/7900 系列中合适的芯片。

注意：为了输出正、负两组电源，应采用带有中心抽头的变压器，整流、滤波、稳压均应为两套电路，并且正、负两组电源应有一个公共的接地点。

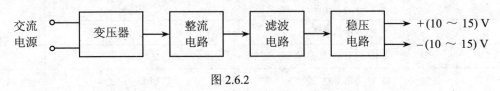

图 2.6.2

5. 实验电路的安装及调试
（1）实验电路的安装。按照实验前预先设计好的电路图连接电路，并检查接线是否正确。
（2）实验电路的调试。
◇ 模块调试：按照电路框图，逐一调试每一模块。在调试过程中，可利用实验室提供的仪器和设备，如用万用表测量连线的通断，用示波器观察信号产生电路的输出波形是否正常等。
◇ 系统调试：将整个电路连起来构成一个系统进行联调。

6. 实验总结要求
（1）根据所选定的实际标称电阻值，计算信号产生电路的输出频率（对应音阶1～i）。
（2）总结实验的收获、体会及遇到的问题。

第3章

数字电路实验

实验 3.1 组合逻辑电路及其应用

1. 实验目的

（1）掌握集成门电路的功能及使用方法。

（2）掌握组合逻辑电路的分析和设计方法。

（3）了解常用中、小规模集成组合逻辑电路的灵活运用。

2. 实验预习要求

（1）根据图 3.1.1 所示逻辑电路，写出逻辑式，归纳出电路实现的逻辑功能。

（2）根据"实验内容与任务"（3）的要求，完成交通信号灯故障报警电路的设计，并画出逻辑图，写出输出端的逻辑表达式。

（3）在本实验各电路图中，标出各集成芯片的型号及引脚号码。

3. 实验仪器和设备

序号	名　称	型　号	数　量
1	电子技术实验箱	DCL-I	1台
2	数字式万用表	UT51	1块
3	数字存储示波器	TDS 1002	1台

本实验所用到的集成芯片列表如下。（引脚分布图见书后附录 D）

序号	芯片型号	功　能	单元电路数目/片	引脚数
1	74LS00	二输入与非门	4	14
2	74LS02	二输入或非门	4	14
3	74LS04	反相器（非门）	6	14
4	74LS11	三输入与门	3	14
5	74LS20	四输入与非门	2	14
6	74LS32	二输入或门	4	14
7	74LS125	总线缓冲驱动器（三态）	4	14
8	74LS139	2-4 线译码器	2	16

4. 实验内容与任务

（1）与非门逻辑功能的测试。测试 TTL 与非门 74LS00（任选一个门）的逻辑功能，将测量值填入表 3.1.1 中。

所有 TTL 组件的电源电压均为 5 V，由实验箱上的"+5 V"电源提供。输入变量 A、B 的"0""1"电平由实验箱的"数据开关"提供（K1～K10），开关拨向上时为高电平"1"，拨向下时为低电平"0"。与非门输出变量 Y 的"电压值"用万用表直流电压挡测量，输出变量 Y 的"逻辑"采用实验箱上方"电平指示"（发光二极管 LED，L1 ～ L8）进行显示，灯亮表示高电平"1"，灯灭表示低电平"0"。

表 3.1.1

输 入 变 量		输 出 变 量 Y	
A	B	电压值	逻辑值
0	0		
0	1		
1	0		
1	1		

（2）组合逻辑电路的功能测试。

◇ 按图 3.1.1 逻辑电路接线（非门采用 74LS04，或非门采用 74LS02）。

◇ 在不同输入信号的组合下，测试输出变量 Y_1、Y_2、Y_3 的状态，填入表 3.1.2 中，并分析该电路实现的逻辑功能。

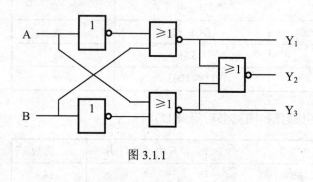

图 3.1.1

表 3.1.2

输入变量		输 出 变 量		
A	B	Y_1	Y_2	Y_3
0	0			
0	1			
1	0			
1	1			

（3）交通信号灯故障报警电路的设计。

◇ 设计要求：当交通信号灯是故障状态时，故障报警电路发出报警信号。

交通信号灯为三盏：红灯（R）、黄灯（Y）和绿灯（G），R、Y、G 作为输入信号。输入"1"表示灯亮；"0"表示灯暗。正常工作时电路输出 F 为"0"；出现故障时 F 为"1"。

正常工作情况是：G 亮、R 暗、Y 暗 —— 通行；

G 亮、R 暗、Y 亮 —— 准备停车；

G 暗、R 亮、Y 暗 —— 停车。

当 R、G、Y 亮、暗状态是其他组合情况时，为故障状态。

◇ 根据要求：列逻辑真值表，写出报警信号的表达式，设计出逻辑电路图。

注意：进行逻辑电路设计时应尽可能选用 DCL－I 型电子技术实验箱提供的器件。

◇ 用实验系统提供的器件连接逻辑电路，并进行测试。

（4）用集成组合逻辑部件构成数据总线。用中规模集成 2-4 线译码器（74LS139）及 4 总线缓冲器（三态）（74LS125）将 4 个外部设备的采样数据分时送入数据总线，数据总线构成的原理电路如图 3.1.2 所示。

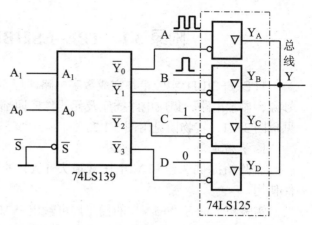

图 3.1.2

设外部设备的数据有 A、B、C、D 四路，分别取自实验箱上的"1 Hz 信号""单次脉冲"（由逻辑开关提供）、"高电平 1"和"低电平 0"（由数据开关提供）。输入数据与总线输出之间可采用三态缓冲器实现分时控制。各缓冲器的使能控制端分别由 2-4 线译码器（74LS139）的输出端进行控制。将 74LS125 的 4 个输出端接在一起模拟数据总线 Y，利用一个 LED 显示总线 Y 的状态。

◇ 按图 3.1.2 连接电路，其中输入 A_1、A_0 的状态由实验箱下方的"数据开关"提供。

◇ 测试电路实现的逻辑功能，将测量结果填入表 3.1.3 中。

建议：在 2-4 线译码器 74LS139 的输出端，分别接 4 个 LED，可直观地显示其逻辑状态。

说明：三态缓冲器采用 74LS125 实现，缓冲器的功能为信号驱动和总线隔离。74LS125 中有 4 个缓冲器，具有各自的使能控制端，低电平有效。当某一缓冲器被选通时，其输出端状态随输入端状态改变（如：$Y_A = A$），其余未被选通的缓冲器输出为高阻状态。

表 3.1.3

输　　入		译　码　器　输　出				数　据　输　入		总线输出 Y
A_1	A_0	$\overline{Y}_0$	$\overline{Y}_1$	$\overline{Y}_2$	$\overline{Y}_3$			
0	0					A	1 Hz 信号	
0	1					B	单次脉冲	
1	0					C	高电平 1	
1	1					D	低电平 0	

5. 实验总结要求

（1）根据实验结果说明三态缓冲器的输出端为何允许直接连在一起作为总线。

（2）如何判断所用的门电路芯片是否已损坏。

附录 3.1 TPE–ES2IBIT 电子技术实验箱

TPE–ES2IBIT 实验箱是完成数字电路课程实验的装置。实验箱面板上分为直流电源、信号源、显示电路、集成电路插座及元器件库四部分。实验箱面板上的装置和元器件的分布图见附图 3.1.1，实物图见附图 3.1.2。

1. 直流电源

实验箱提供 3 组+5 V 电压（最大 1 A）的稳压电路，供 TTL 标准的各种数字集成器件使用。

实验箱上标有"+5 V"的插座均可输出+5 V 电源，标有"⊥"符号的均为"地"。如果稳压电路工作正常，实验箱上的发光二极管 LED 应发亮，表明+5 V 电源已有输出。若接线或实验过程中有短路现象，则蜂鸣器会报警。当短路事故排除后，只需要按下报警复位按钮即可重新工作。

2. 信号源

（1）数据开关。

数据开关共 8 路：K0～K7，用于提供数字电路的逻辑输入，可输出电平信号"1"或"0"。若向上拨动开关，灯亮，代表逻辑 1；若向下拨动开关，灯暗，代表逻辑 0。

（2）单脉冲信号。

单脉冲信号为 TTL 输出，共 Ⅰ、Ⅱ两路，每一路有两组相反的脉冲沿：按下 A（B）按钮时，输出从"0"→"1"，提供一个脉冲上升沿；抬起按钮时，输出从"1"→"0"，提供一个脉冲下降沿。对应的指示灯显示相应的状态，A（B）输出的状态与 $\overline{\text{A}}$（$\overline{\text{B}}$）的状态相反。

（3）固定脉冲信号。

固定脉冲信号的输出波形为方波，幅值为 5 V，频率分别为 1 Hz（0.5 s 输出"1"，0.5 s 输出"0"）、1 kHz（0.5 ms 输出"1"，0.5 ms 输出"0"）。

3. 显示电路

（1）逻辑电平显示。

实验箱上 L0～L7 为 8 个电平输入插座，与它们对应的有 8 个发光二极管，将某一个被测点的信号引入逻辑电平显示的输入插座时，如果被测信号为高电平，对应的发光二极管发亮，当被测信号为"0"或"高阻"时，对应的发光二极管不亮。如果被测点的信号是一个连续的脉冲信号，若信号的频率较低（如 1 Hz），发光二极管将一亮一灭变化，若被测信号频率高于几 Hz，由于闪烁较快，人眼已经无法分辨其变化，看到的结果是发光二极管始终亮着。

（2）译码显示及 LED 数码显示：实验箱左上方有两个共阴极 LED 数码管，可用来显示 0～9 数字，右侧数码管带有译码器，可直接输入 8421 BCD 码，D 为高位，A 为低位。左侧数码管必须经过译码器（如 74LS248）才能显示数字。

4. 接线区

（1）集成电路接线区。

集成电路接线区：提供了 11 个 14 管脚、8 个 16 管脚、2 个 8 管脚双列直插式集成电路插座，插座的每个管脚都与一个对应的接线插座连通，插座旁标注有管脚号码，通过接线插座和连接导线可以将集成器件构成各种实验电路。插入集成器件时，必须将集成电路的缺口朝左，再插入集成电路插座，否则集成电路的管脚与实验箱上标注的管脚号码没有对应关系，极易造成接线错误。

（2）元件库。

预留可以备用插接电阻、电容、二极管等元器件的 16 个位置。

（3）两组 40 脚自锁插座。

实验箱左下方有两组 40 脚自锁插座，如果实验中某器件需要反复插拔时（如对可编程器件编程），用自锁插座较为方便。

5．使用实验箱的注意事项

（1）在将外部直流电源接入实验箱时，必须检查电压值和极性，当确信无误后再与电源接线柱连接。在实验中如果暂时不用电源，只需将实验箱上的"电源开关"关断，而不必直接关断外部的直流电源，若反复开、关外部的直流稳压电源，容易造成器件损坏。

（2）合上"电源开关"后，应检查电源指示灯 LED 是否点亮，当电源指示灯不亮时，应及时检查原因。

（3）不论做任何实验，首先应检查器件（集成芯片）所接电源是否正确，然后再通电进行实验。

（4）必须将集成电路的缺口朝左再插入集成电路插座，否则，将使集成电路管脚与接线插座旁的管脚号标注不一致，极易造成集成芯片的烧毁或损坏。

（5）将集成电路插入时必须将管脚与插座对准，如果管脚出现歪斜则应先将管脚用镊子校正，然后再插入插座。

（6）拔起集成电路时，绝不可直接用手直接拔出，用手直接拔起时，极易将集成电路的管脚弄弯或损坏。应该用专用工具或镊子从集成器件与插座之间插入，将器件轻轻地撬出。

（7）在一般情况下，按 K0～K7 键时连续时间不应超过 3 秒，否则，实验箱内部的电路将认为出现按键错误。按键时力度应适度，并且两次按键时间间隔不可太短，应大于 0.5 秒。

（8）若进行 CMOS 电路实验时，如果需要另加电源，应注意不要使同系统中 TTL 器件上的电压超过 5 V，否则会造成 TTL 集成芯片的损坏。

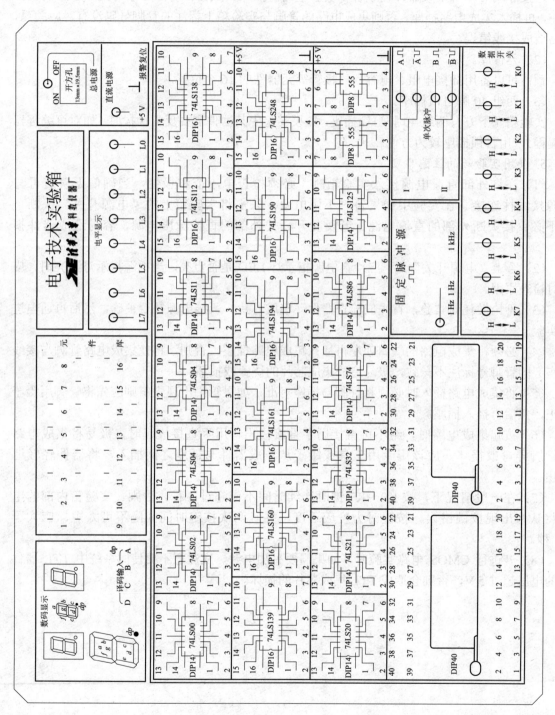

附图 3.1.1

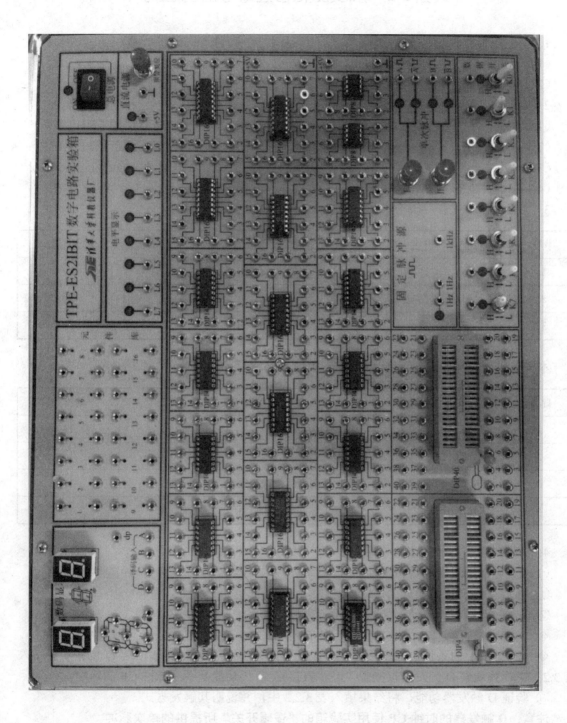

附图 3.1.2

实验 3.2　触发器和移位寄存器的应用

1. 实验目的

(1) 掌握常用触发器的逻辑功能及使用方法。

(2) 掌握环形移位寄存器及扭环形移位寄存器的组成及设计方法。

2. 实验预习要求

(1) 根据"实验内容及要求"(3)、(4)的设计要求,画出移位寄存器的逻辑电路图。

(2) 分析图 3.2.1 所示逻辑电路的功能,画出两个芯片输出端的工作波形图。

(3) 画出"实验内容及要求"(2)、(4)、(5)所需的实验数据记录表格。

(4) 在本实验各电路图中,标出芯片的型号及引脚号码。

3. 实验仪器和设备

序号	名　称	型　号	数　量
1	电子技术实验箱	DCL-Ⅰ	1 台
2	数字式万用表	UT51	1 块
3	数字存储示波器	TDS1002	1 台

本实验所用芯片列表如下(引脚分布图见附录)。

序号	芯片型号	功　能	引脚数
1	74LS74	双 D 触发器	14
2	74LS112	双 JK 触发器	16
3	74LS194	多功能双向移位寄存器	16
4	74LS161	四位二进制加法计数器	16

4. 实验内容及要求

(1) 验证 D 触发器的逻辑功能。

① 将+5 V 电源接到集成 D 触发器芯片 74LS74 的电源引脚上。

② 观察 D 触发器直接置"0"、直接置"1"功能。

◇ 将实验箱的数据开关与 D 触发器的 $\overline{R}_D$、$\overline{S}_D$ 端相连。

◇ 按表 3.2.1 的条件进行直接置"0"、直接置"1"的操作,将输出端 Q 的新状态填入表 3.2.1 中,并观察 D 触发器直接置"0"、直接置"1"功能是否受脉冲 CP 的影响。

③ 验证 D 触发器功能,将结果填入表 3.2.2 中,并说明其触发方式。

注意:D 触发器的时钟 CP 使用实验箱的"逻辑开关"所提供的单次脉冲。

表 3.2.1

CP	Q^n	D	$\overline{R}_D$	$\overline{S}_D$	Q^{n+1}
Φ	Φ	Φ	0	1	
Φ	Φ	Φ	1	0	

表 3.2.2

D		0			1	
CP	0	↑	↓	0	↑	↓
Q^n/Q^{n+1}		0			0	
		1			1	

（2）验证 JK 触发器的逻辑功能。

◇ 将+5 V 电源接到集成 JK 触发器芯片 74LS112 的电源引脚上。

◇ 仿照"实验内容及要求"（1）的操作，观察 JK 触发器直接置"0"、直接置"1"的功能。

◇ 改变输入变量 J、K 的电平，观察在时钟 CP 的作用下，触发器输出状态 Q 的变化。

◇ 将以上 JK 触发器逻辑功能的验证数据记录在**自拟表格**中。

（3）利用 4 个双稳态触发器设计环形移位寄存器，完成如下功能：

$$\rightarrow 1000 \rightarrow 0100 \rightarrow 0010 \rightarrow 0001 \rightarrow$$

◇ 设计环形移位寄存器。可利用两片双 D 触发器（74LS74）或两片双 JK 触发器（74LS112）实现电路设计。

◇ 按预先设计好的逻辑电路图接线，并进行功能测试。首先将第一位触发器置"1"，其余触发器置"0"，然后在单次脉冲作用下，完成移位功能。

（4）设计扭环形右移移位寄存器，即完成如下功能：

$$\rightarrow 0000 \rightarrow 1000 \rightarrow 1100 \rightarrow 1110 \rightarrow 1111 \rightarrow 0111 \rightarrow 0011 \rightarrow 0001 \rightarrow$$

◇ 用移位寄存器 74LS194 设计扭环形移位寄存器，画出接线图。

◇ 按预先设计好的逻辑电路图接线，并进行功能测试。将初态均置为"0"，然后在单次脉冲作用下，完成移位功能。**注意：右移位时，信号从 Q_0 依次移至 Q_3。**

（5）按图 3.2.1 连接由 74LS194 双向移位寄存器和 74LS161 二进制加法计数器组成的控制电路。将电路输出端 $Q_D Q_C Q_B Q_A$（Q_D 为高位、Q_A 为低位）和 $Q_0 Q_1 Q_2 Q_3$ 的变化规律记录在自拟的状态表中。

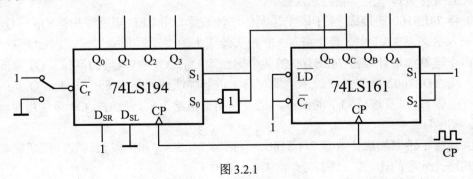

图 3.2.1

5. 实验总结要求

（1）说明 JK 触发器和 D 触发器的触发方式。

（2）说明如何将触发器的初始状态置"0"或置"1"。

（3）分析图 3.2.1 电路完成的功能。

实验 3.3　计数、译码、显示电路

实验 3.3.1　硬件实验

1. 实验目的

（1）掌握集成十进制加法计数器的使用和设计方法。

（2）了解七段数码管的工作原理和使用方法。

（3）运用中规模集成组件 74LS160 组成一个完整的计数、译码、显示电路。

（4）培养综合设计、调试数字电路的能力。

2. 预习要求

（1）利用 74LS160 设计一位十进制、六十进制加法计数器的逻辑电路，画出接线图。

（2）按实验内容的要求和给定的器件设计数字式秒表的逻辑电路，画出接线图。

3. 实验仪器和设备

序号	名　称	型　号	数　量
1	电子技术实验箱	DCL－I	1 台
2	数字式万用表	UT51	1 块
3	数字存储示波器	TDS1002	1 台
4	集成同步十进制加法计数器	74LS160	2 片
5	4 线-七段译码器/驱动器	74LS248	2 片
6	七段 LED 数码管(共阴)	LC－0511	2 片

4. 实验内容及要求

各芯片所需+5 V 电源由 DCL－I 电子技术实验箱上的+5 V 电源提供。组件 74LS160 和 74LS248 的所有引脚均由学生自己连接。

（1）将 74LS160 连接成 8421 码十进制加法计数器，用 LED 观察输出端 $Q_D \sim Q_A$ 的变化规律，记入状态表 3.3.1 中。计数脉冲 CP 由实验箱上的"逻辑开关"或"1 Hz 脉冲"提供。

注：十进制加法计数器 74LS160 的 4 个输出端 $Q_D \sim Q_A$ 中，Q_D 为高位，Q_A 为低位。

（2）用 TDS1002 数字式双踪示波器观察十进制加法计数器的 CP 与 Q_A、Q_A 与 Q_B、Q_B 与 Q_C、Q_C 与 Q_D 以及进位 Q_{CC} 的波形，把观察结果描绘下来。此时，CP 可选用实验箱上的"1 kHz 脉冲"。

（3）连接十进制加法计数器 74LS160、译码器 74LS248 和七段数码管，组成完整的一位十进制加法计数器的计数、译码、显示电路，观察下列功能：

◇ 用"灯测检查"的方法检查译码器和七段数码管各字段工作是否正常。

◇ 观察计数、译码、显示功能。

（4）按预先设计的电路图，连接用七段数码管显示的六十进制计数、译码、显示电路。

表 3.3.1

计数脉冲 CP	输出 Q_D Q_C Q_B Q_A	进位 Q_{CC}
0		
1		
2		
3		
4		
5		
6		
7		
8		
9		
10		

（5）设计、安装、调试数字式秒表。

A. 设计要求如下：

◇ 计数器计时 60 s 后自动复零、且继续循环计时，当十位数为 0 时要求该位显示熄灭。秒脉冲可由实验系统的脉冲源提供。

◇ 能实现计时、停止计时、保留当前计时时间、清零等功能。

◇ 控制器件（开关、按钮、门电路等）可利用实验箱提供的任何器件。

◇ 电路应可靠工作（如考虑克服开关、按钮等工作时产生的各种干扰因素）。

B. 按预先设计的数字式秒表的电路图连接线路，并完成其功能调试。

注意：电路连接完成后，应按照个位计数器、十位计数器、译码电路、控制电路等几个部分分别调试，以便于查找问题和故障，较快地完成调试，实现电路功能。

5. 实验总结要求

描绘出由实验测得的十进制加法计数器的计数脉冲 CP、计数器输出 $Q_A \sim Q_D$ 与进位输出 Q_{CC} 的波形。

实验 3.3.2　仿真实验

1. 实验目的

（1）掌握十进制加法计数器 74LS160、译码器、显示器（七段数码管）的使用方法。

（2）学习运用中规模集成电路设计完整的计数、译码显示电路。

（3）培养综合设计能力，训练运用 EDA 技术，设计、仿真、验证电路功能的能力。

2. 实验预习要求

（1）预习有关本次实验所用设备和器件的基本知识。

（2）预习附录中 Multisim 软件的使用方法。

（3）根据实验内容和要求，提前设计电路并拟定测试的状态表等表格。

3. 实验仪器和设备

本实验为通过 Multisim 软件进行十进制计数器电路的设计、仿真和功能验证，所用仪器设备均为虚拟设备。如需要查看电路的工作波形图，可通过数字逻辑分析仪进行。

序号	元器件名称	所在元器件库 (Group/Family)	说　　明
1	74LS160D	TTL/74LS	十进制计数器
2	DCD_HEX	Indicators/HEX_DISPLAY	七段译码、显示模块
3	74LS00D	TTL/74LS	2 输入与非门
4	74LS08D	TTL/74LS	2 输入与门
5	VCC	Source/POWER_SOURCES	+5 V 直流电源
6	DGND	Source/POWER_SOURCES	数字地
7	PROBE_GREEN	Indicators/PROBE	电平探针（绿色）
8	SPST	Basic/SWITCH	开关
9	CLOCK_VOLTAGE	Source/SIGNAL_VOLTAGE	时钟信号源
10	电阻	可用虚拟电阻	自定阻值

74LS160D 是有 16 根外引线的十进制计数器，其外引线定义如图 3.3.1 所示。表 3.3.2 给出了教材上的引脚定义与仿真软件的引脚定义的对比。

表 3.3.2

引脚功能	时钟端	清零端	置数控制	控制端		置数输入	计数输出	进位输出
教　材	CP	$\overline{C_r}$	$\overline{LD}$	S_1	S_2	D C B A	$Q_D Q_C Q_B Q_A$	Q_{CC}
仿真软件	CLK	~CLR	~LOAD	ENP	ENT	D C B A	$Q_D Q_C Q_B Q_A$	RCO

七段译码、显示模块 DCD_HEX 与计数器的连接方法如图 3.3.2 所示。

4. 实验内容及要求

（1）利用十进制计数器 74LS160D、DCD_HEX 七段译码、显示模块设计一个完整的数字式秒表。设计要求如下：

① 数字式秒表计时 60 s 后自动复位到 0，并继续循环计时；

② 有开始计时、停止计时、保留当前计时时间、清零等功能；

③ 秒表的工作稳定、可靠。

（2）进行仿真，观察十进制计数器的功能是否正确，是否实现了设计要求②的控制功能。

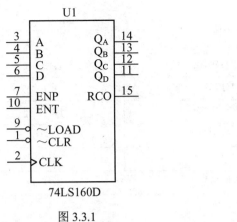

图 3.3.1

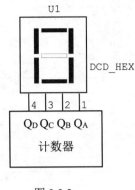

图 3.3.2

（3）观察并记录 74LS160D 的工作波形。

注：若不能完成两位六十进制，可先设计一个六进制计数器，并具有开始计时、停止计时、保留当前计时时间、清零等功能。

5. 设计、实验中的注意事项

（1）除利用 74LS160D 的清零功能外，也可以利用其反馈置数功能来构成任意进制计数器。

（2）所有逻辑电路的输入端不能悬空，不用的引脚必须接到相应的电平上。

（3）观察 74LS160D 的波形时，需要加入逻辑分析仪。在逻辑分析仪的设置中，时钟要选择外部（External）时钟。

（4）除 74LS160D 与 DCD_HEX 这两个器件外，其他器件可使用 Multisim 元器件库的所有元器件，不受"实验仪器和设备"中所列元器件的限制。

6. 实验总结要求

（1）画出在实验中调试通过的秒表的逻辑电路图。

（2）观察并画出十进制计数器的计数脉冲 CLK、计数器输出 $Q_D Q_C Q_B Q_A$ 和进位输出 RCO 的波形。

实验 3.4　集成 555 定时器和晶体振荡器的应用

1. 实验目的

（1）了解由集成 555 定时器组成的单稳态触发器的工作原理，掌握输出电压的正脉冲宽度 t_W 与电路参数的关系。

（2）掌握由 555 定时器组成的多谐振荡器输出信号周期 T 与电路参数的关系。

（3）了解石英晶体多谐振荡器的特点。

（4）了解施密特触发器的工作特性。

2. 实验预习要求

（1）复习教材中单稳态触发器、多谐振荡器、石英晶体和施密特触发器的相关内容。

（2）按给定的 R、C 值，计算表 3.4.1 和表 3.4.2 中的理论值。

3. 实验仪器和设备

序号	名　称	型　号	数　量
1	电子技术实验箱	DCL-I	1 台
2	数字式万用表	UT51	1 块
3	功率函数发生器	DF1631	1 台
4	数字存储示波器	TDS1002	1 台
5	集成 555 定时器	NE555	1 片
6	石英晶体振荡器	96 kHz	1 片

4. 实验内容及要求

本实验所用集成 555 定时器的电源为 $U_{CC} = 5\,\text{V}$，由实验箱提供。

（1）用 555 定时器组成单稳态触发器。

◇ 按图 3.4.1 接线，电路参数为：$R = 15\,\text{k}\Omega$，$C = 0.22\,\mu\text{F}$。由 DF1631 型功率函数发生器提供频率为 $f = 200\,\text{Hz}$、幅值为 4 V 的矩形脉冲作为输入信号 u_i。

◇ 用示波器观测、并绘出 u_i、u_C、u_o 的波形。

◇ 输入脉冲宽度不变，改变 R、C 参数值：$R = 10\,\text{k}\Omega$，$C = 0.22\,\mu\text{F}$，用示波器观测 t_W 值。

将以上测量数据记录在表 3.4.1 中。

◇ R、C 参数值不变，调节输入触发脉冲（低电平）的宽度，使其分别小于、等于或大于输出脉冲（高电平）宽度 t_W 的值，观察输出电压 u_o 的 t_W 是否受其影响。记录观察的结果，得出结论。

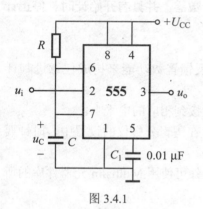

图 3.4.1

注意：① 输入脉冲 u_i 低电平的宽度应小于单稳态触发器输出 u_o 正脉冲的宽度 t_W。

② "拉出"并调节"直流偏置"旋钮，使矩形波在整个周期均为正值。

③ 描绘 u_i、u_C、u_o 的波形时，应注意时间上的对应关系。

表 3.4.1

测　量	参 数 值	$R = 15\,\text{k}\Omega$ $C = 0.22\,\mu\text{F}$	$R = 10\,\text{k}\Omega$ $C = 0.22\,\mu\text{F}$
输出电压 脉宽 t_W/ms	理论值		
	测量值		

（2）用 555 定时器组成多谐振荡器。按图 3.4.2 接线，其中 $R_1 = 4.7\,\text{k}\Omega$，$R_2 = 2\,\text{k}\Omega$，$C = 0.22\,\mu\text{F}$。用示波器观察 u_C 及 u_o 的波形，画出波形图，测量出第一个暂稳态的脉冲宽度 t_{W1}、第二个暂稳态的脉冲宽度 t_{W2} 及振荡周期 T 值，并填入表 3.4.2 中。

表 3.4.2

	t_{W1} / ms	t_{W2} / ms	T / ms
理论值			
测量值			

（3）石英晶体多谐振荡器。为了获得高的频率稳定性，可采用石英晶体构成多谐振荡电路。

◈ 按图 3.4.3 所示电路接线。

注意：其中非门电路采用 CMOS CD4069 六反相器，使用时需接+5 V 电源。

◈ 用 TDS1002 数字存储示波器观察输出电压 u_o 的波形，并测量输出波形的周期、频率、幅值，将数据记录在表 3.4.3 中，波形图画在图 3.4.4 中。

注意：用示波器观察波形时，耦合方式选择"直流"（通过菜单进行选择），具体操作可参阅附录 2.1.1。

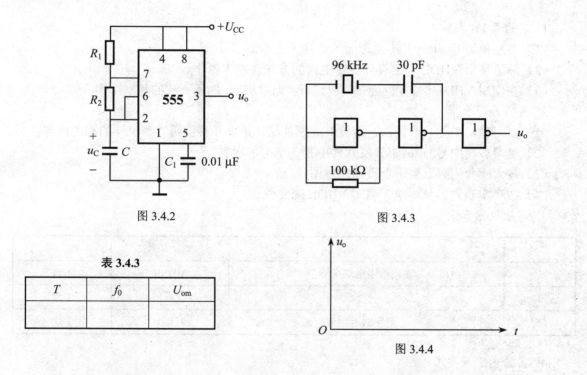

图 3.4.2　　　　　　图 3.4.3

表 3.4.3

T	f_0	U_{om}

图 3.4.4

（4）施密特触发器。由 555 定时器构成的施密特触发器电路如图 3.4.5 所示。将芯片 2 引脚与 6 引脚接在一起作为信号输入端，控制电压端 5 引脚悬空。

◈ 按图 3.4.5 连接电路，选用频率为 f = 200 Hz、幅值为 4 V 的三角波作为输入信号 u_i。

◈ 用示波器两个通道同时观察输入、输出电压的波形，并对应画出波形图。

◈ 用示波器"DISPLAY"菜单下的"X–Y"方式观察电路的电压传输特性，画出施密特触发器的电压传输特性曲线。

注意：① 观察电路的输入、输出波形时，两个通道均应
采用"DC"显示方式。

② 观察电路的电压传输特性时，通道 CH1 和
CH2 的量程、衰减比例应一致。

5. 实验总结要求

（1）根据表 3.4.1 的测量数据，画出单稳触发器 u_i、u_C、u_o 的波形图，并分别说明改变输入触发脉冲宽度及改变电路 R、C 参数对输出 u_o 的 t_W 值有何影响。

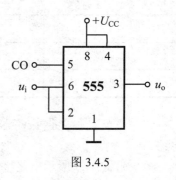

图 3.4.5

（2）根据表 3.4.2 的测量数据，对应画出多谐振荡器 u_C、u_o 的波形图。

（3）画出施密特触发器的电压传输特性曲线和输入、输出电压波形。

实验 3.5　PLD 基本实验及综合实验

1. 实验目的

（1）熟悉使用 Quartus Ⅱ 的图形输入工具和文本输入方法。

（2）熟悉使用 VHDL 语言设计逻辑电路的方法及基本操作。

（3）在使用 VHDL 语言进行初步设计后，验证功能，熟悉下载的基本操作。

2. 实验预习要求

（1）复习教材中七段译码器、四位二进制加法计数器和移位寄存器设计的相关内容。

（2）复习教材中 Quartus Ⅱ 开发软件中相关部分的内容。

（3）按"实验内容及要求"设计原理图。

（4）按"实验内容及要求"编写 VHDL 源文件。

3. 实验仪器和设备

序号	名　　称	型　　号	数　量
1	现代数字系统实验箱	MDSII	1 台
2	计算机		1 台
3	数字式万用表	UT51	1 块

4. 实验内容及要求

（1）数字显示译码器的设计。

（a）在 Quartus Ⅱ 环境中，采用原理图输入方式设计七段显示译码电路，译码器可采用集成芯片 74248。译码显示电路的输入信号为 4 位 8421BCD 码，其数值范围为 0000~1001（即十进制数 0~9）。

（b）编译调试，功能仿真；生成下载文件，连接计算机和实验板之间的编程电缆，将下载文件下载至器件中，在七段 LED 数码管上显示对应于不同输入的译码结果；检验硬件编程后的逻辑功能是否正确。

（c）采用 VHDL 语言重新设计译码器：译码显示电路的输入信号为 4 位二进制代码，其数值范围为 0000～1111（即十六进制数 0～F），重复步骤（b）。

注意：◈ 管脚分配文件的编写。

　　　 ◈ 输出的字符 **A**、**E**、**F** 为大写，**b**、**c**、**d** 为小写。

　　　 ◈ 下载前正确接好 **JTAG** 接头，检查电源是否正确。

（2）四位二进制加法计数器及译码、显示电路的设计。

A. 四位同步二进制加法计数器的设计。

（a）采用图形输入工具设计四位同步二进制加法计数器。

（b）绘制激励波形。

（c）编译调试，功能仿真。

（d）采用 VHDL 语言重新设计计数器，重复步骤（b）、步骤（c）。

B. 四位异步二进制加法计数器的设计。

（a）采用图形输入工具设计四位异步二进制加法计数器。

（b）绘制激励波形。

（c）编译调试，功能仿真。

（d）采用 VHDL 语言重新设计计数器，重复步骤（b）、步骤（c）。

C. 计数、译码、显示电路的设计。

◈ 把计数器和实验内容（1）中的七段译码器连接起来。

◈ 编译调试，功能仿真。

◈ 生成下载文件，连接计算机和实验板之间的编程电缆，将下载文件下载至器件中，在七段 LED 数码管上显示计数结果；检验硬件编程后的逻辑功能是否正确。

（3）彩灯控制器（移位寄存器）的设计。

（a）实验要求：试设计一个彩灯控制器，使 8 盏彩灯实现如下追逐图案（任意时刻只有一盏灯点亮），并能使彩灯工作状态自动循环重复。

◈ 第一次循环：彩灯从左至右依次点亮，每盏灯亮的时间为 0.5 s；

◈ 第二次循环：彩灯从右至左依次点亮，每盏灯亮的时间为 0.5 s；

◈ 第三次循环：彩灯从左至右依次点亮，每盏灯亮的时间为 1 s；

◈ 第四次循环：彩灯从右至左依次点亮，每盏灯亮的时间为 1 s。

注：可自行编制各种彩灯追逐图案。

（b）编译调试，功能仿真。

（c）生成下载文件，连接计算机和实验板之间的编程电缆，将下载文件下载至器件中，通过依次亮实验板上的彩灯，检验硬件编程后的逻辑功能是否正确。

5. 实验总结要求

（1）画出七段译码器的原理图。

（2）写出四位同步（异步）二进制加法计数器的设计过程。

（3）写出彩灯控制器的设计过程。

（4）记录用 VHDL 编写、并调试通过的源文件。

（5）总结实验过程出现的问题及解决的方法。

实验 3.6 数字电路综合设计实验

1. 实验目的

（1）建立数字电子系统的概念，培养综合应用数字电路知识的能力。

（2）学习小型数字电子系统的设计、安装和调试方法。

2. 实验预习要求

（1）复习有关集成计数器、译码器、移位寄存器和 555 定时器的工作原理。

（2）根据图 3.6.1 所示汽车尾灯控制电路的原理框图，设计一个三进制减法计数器（可利用 74LS190 实现），输出的 3 个状态为：2、1、0；系统用到的 CP 时钟信号由自行设计的多谐振荡器提供（可利用 555 定时器实现），要求 CP 信号频率为 1～3 Hz。

（3）将自行设计的电路与图 3.6.2 给定的控制电路连接，构成一完整的数字系统，并标出集成芯片的型号和引脚号码。分析电路的工作原理及实现的功能。

3. 实验仪器和设备

序号	名　　称	型号/规格	数　量
1	数字电子技术实验箱	DCL－I	1 台
2	数字式万用表	UT51	1 块
3	数字存储示波器	TDS 1002	1 台
4	十进制加/减可逆计数器	74LS190	1 片
5	译码器	74LS138	1 片
6	多功能移位寄存器	74LS194	2 片
7	集成 555 定时器	NE555	1 片

4. 实验电路的工作原理和组成

汽车尾灯控制电路的组成框图如图 3.6.1 所示。此电路可模拟汽车在左右转弯时，尾灯显示的状态。由转向开关发出左（右）转弯指令，控制译码器的工作，对左（右）移位寄存器进行选通，使其输出依次出现左（右）移位的高电平，对应指示灯（LED）发亮，指示汽车转弯的方向。由于 LED 只有 3 个，所以利用三进制减法计数器控制移位的节拍和周期。自激多谐振荡器所产生的脉冲序列，作为整个数字系统的时钟脉冲 CP，指挥各集成芯片按统一步调工作。

图 3.6.2 给出了除时钟脉冲产生电路、三进制减法计数器之外其余部分的电路图，供设计时参考，也可自行设计全部控制电路。图中，移位寄存器采用 74LS194，译码器采用 74LS138（用 74LS139 亦可），转弯控制采用两个单刀双掷开关，"L" 表示左转，"R" 表示右转。

5. 实验电路的安装及调试

（1）实验电路的安装：按照实验前预先设计好的电路图连接电路，并检查接线是否正确。

注：加、减可逆计数器 74LS190 的四位输出，Q_D 为高位、Q_A 为低位。

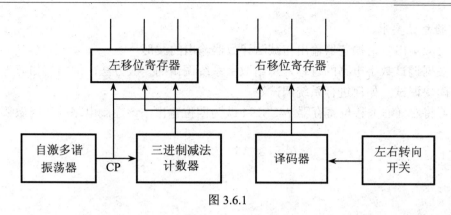

图 3.6.1

（2）实验电路的调试：按照从集成芯片→模块→系统的调试步骤，对整个电路进行调试，直至完成系统规定的功能。观察计数器、译码器和移位寄存器的工作状态，并记录在自拟的状态表中。

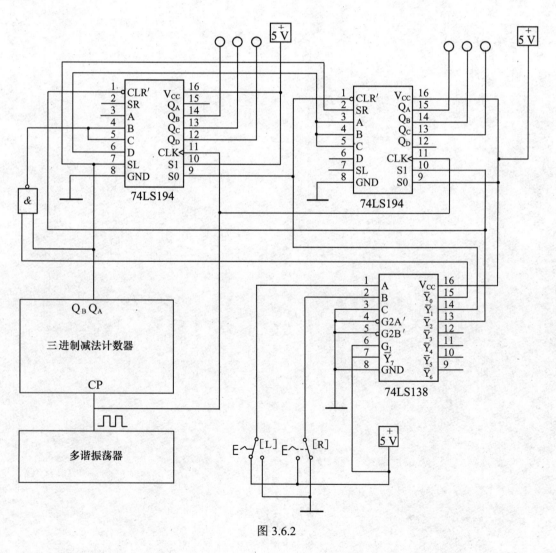

图 3.6.2

6. 实验总结要求

（1）对应画出多谐振荡器输出与减法计数器输出的波形。

（2）根据调试数字电路的过程，总结数字系统调试的一般方法，例如，如何查找故障，如何进行模块调试，如何进行系统调试等。

（3）若将左（右）移位寄存器 74LS194 改为四位输出，该控制电路设计应做哪些相应的改动？

第4章

变压器和电动机实验

实验 4.1　变　压　器

1. 实验目的

(1) 用实验的方法确定变压器绕组的同名端。

(2) 测定变压器的变压比、变流比，根据实验数据计算其阻抗变换值。

(3) 掌握自耦变压器的使用方法。

2. 实验预习要求

复习有关变压器的结构和工作原理，回答下列问题：

(1) 若变压器原方两绕组由于同名端判别错误，串联使用时会出现什么后果？

(2) 为什么变压器的额定容量用"V·A"表示，而不用"W"表示？

(3) 已知 $U_1=220$ V，$U_2=110$ V，$U_3=190$ V，求 U_1/U_2 及 U_1/U_3。

3. 实验仪器和设备

(1) 设备名称、型号及规格。

序号	名　称	型　号	规　格	数　量
1	实验用变压器模块	MC1038	额定容量 40 VA	1 套
2	自耦变压器模块	MC1039	110 VA	1 台
3	交流数字电压表	—	0～500 V	1 块
4	交流数字电流表	—	0～2 A	1 块

(2) 主要设备介绍。

① MC1038 模块：包括实验用变压器及负载电阻，额定电压如图 4.1.1 所标注。

注意：这是一个实验专用变压器，其电压变化率约为 10%，大于一般变压器。变压器对应不同的额定电压时的额定电流为 220 V/0.18 A、190 V/0.18 A、110 V/0.35 A。

变压器负载由 4 个 1.1 kΩ、10 W 的电阻组成，用短路桥的接入来改变并联该电阻的个数，则可以改变负载电阻的大小。实验中，将组成 4 个不同阻值的负载电阻 R_L。

② MC1039 模块：自耦变压器，用于调整实验用变压器的输入电压，自耦变压器输出电压为 0～250 V，输入电压为 220 V，输出额定电流为 0.5 A，如图 4.1.2 所标注。

自耦变压器在使用中的**注意事项**：

① **自耦变压器原方如误接入线电压（380 V），其原方绕组将会被烧毁。**

② **自耦变压器不能作为安全变压器使用，因为原、副方绕组不隔离。**

③ 自耦变压器上面的电压表只示意输出电压的大小，不作为准确的电压指示。

④ 自耦变压器在接线前和使用后，应将输出调节旋钮转到"0"位。

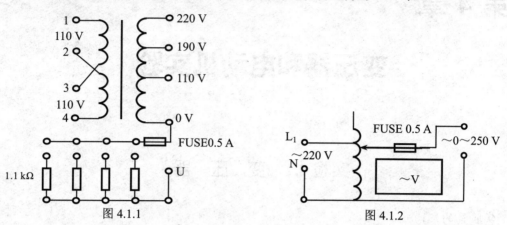

图 4.1.1　　　　　　　　　　　　图 4.1.2

4. 实验原理介绍

（1）本实验采用交流法判断变压器两个绕组的同名端，如图 4.1.3 所示。将待判别的两个绕组先以 1、3，2、4 标注，然后按图 4.1.3 连接 2、3 两端，在 1、3 两端外加（50%～70%U_N）电压，本实验的 $U_N=110$ V。测量 U_{13}、U_{24} 和 U_{14}，若 $U_{14}=U_{13}+U_{24}$，则 1 和 2 是同名端，若 $U_{14}=U_{13}-U_{24}$，则 1 和 4 是同名端。

（2）变压器原、副方：

变压比　　$\dfrac{U_1}{U_2}=\dfrac{N_1}{N_2}$

变流比　　$\dfrac{I_1}{I_2}=\dfrac{N_2}{N_1}$

阻抗变换　$Z_L'=\left(\dfrac{N_1}{N_2}\right)^2 Z_L$

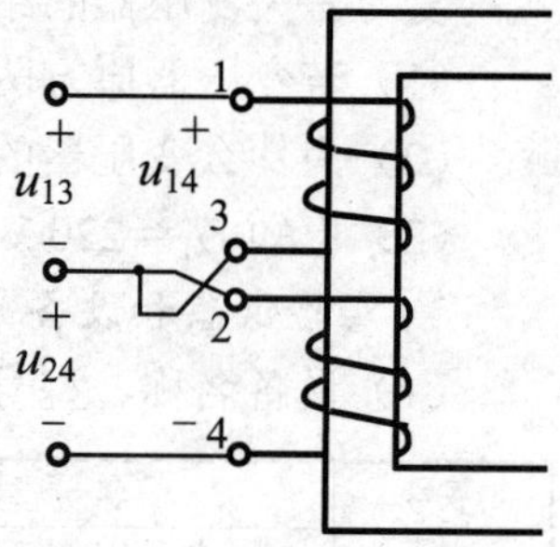

图 4.1.3

在实际变压器中，这些关系是近似的，所以实验结果中存在一定误差。

5. 实验内容及要求

（1）判别变压器绕组的同名端。

◇ 图 4.1.4 中变压器插孔 1、3 为一个绕组，2、4 为一个绕组。首先按图 4.1.4（a）接线，**并将自耦变压器的输出调节旋钮旋至最小**（即此时输出电压为 0）。

经教师检查和允许后接通电源。

◇ 调节自耦变压器的输出调节旋钮，使 U_1=80 V，测量出表 4.1.1 中的 a 组数据，填入表 4.1.1 中，**断开电源**。

◇ 然后改接线如图 4.1.4（b）所示，**将自耦变压器的输出调节旋钮旋至最小，接通电源。**仍使 U_1=80 V，测量出表 4.1.1 中的 b 组数据，填入表 4.1.1 中，并判别同名端，**断开电源**。

表 4.1.1

a 组数据	$U_{13}=$	$U_{24}=$	$U_{14}=$	同名端为：
b 组数据	$U_{13}=$	$U_{42}=$	$U_{12}=$	同名端为：

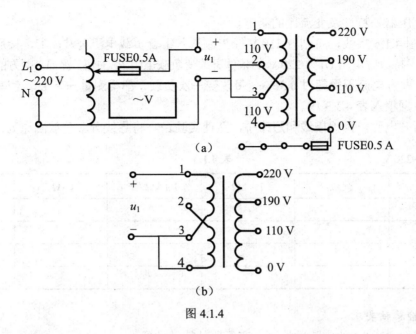

（a）

（b）

图 4.1.4

（2）变压比的测定。

◇ 按图 4.1.5 接线，不接负载 R_L。将自耦变压器的输出调节旋钮旋至最小，**接通电源**。

◇ 令 U_1 值按表 4.1.2 变化，测量二次开路时相应的 U_2、U_3 值，填入表 4.1.2，并计算它们的变比。**断开电源**。

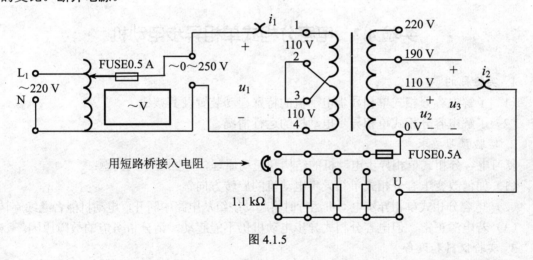

图 4.1.5

表 4.1.2

	50 V	100 V	150 V	200 V	220 V
U_1					
U_2					
U_3					
U_1/U_2					
U_1/U_3					

（3）变压器外特性及变流比的测定。

◆ 按图 4.1.5 接线，将副方 110 V 输出端接入组合负载电阻公共端 U，接通电源。

◆ 在保持原方电压 U_1 为 220 V 的条件下改变负载电阻 R_L 的值，测原、副方的电压和电流。

注意：副方电流不得超过 0.36 A。每改变一次负载，都要测量一下 U_1，使其保持 220 V。 将测得的数据填入表 4.1.3 中。

（4）**断开电源，拆掉接线和短路桥，整理实验台，将导线分颜色放回原处。**

保持 U_1=220 V   表 4.1.3

R_L	空载	1.1 kΩ	1.1 kΩ / 2	1.1 kΩ / 3	1.1 kΩ / 4
U_2					
I_1					
I_2					
I_1/I_2					

6. 实验总结要求

（1）根据表 4.1.3 的实验数据画出变压器外特性曲线。

（2）选取表 4.1.3 中最后一组 U_1 及 I_1 的实验数据，计算变压器的原方输入阻抗，并与其理论值进行比较。

（3）变压器空载时测量到的电流 I_1 是什么电流？

实验 4.2　电容分相式单相异步电动机

1. 实验目的

（1）了解电容分相式单相异步电动机的特殊起动装置及其接线。

（2）了解电容分相式单相异步电动机的运行情况。

2. 实验预习要求

复习电容分相式单相异步电动机的结构和起动原理，并回答下列问题：

（1）如何改变电容分相式单相异步电动机的旋转方向？

（2）电容分相式单相异步电动机运行时将起动绕组从电路中断开，电动机能否继续旋转？

（3）若电源正常，但电容分相式异步电动机仍不能起动，请分析可能的故障原因。

3. 实验仪器和设备

（1）设备名称、型号及规格。

序号	名　称	型　号	规　格	数　量
1	电机系统教学实验台	MEL-Ⅱ型	—	1 套
2	电容分相式单相异步电动机	M05	P_N= 90 W，U_N = 220 V，I_N=1.45 A，n_N = 1 440 r/min	1 台
3	自耦调压器	—	1 kVA	1 台
4	起动电容器	—	35 μF /450 V	1 只

（2）主要设备介绍。

① 电动机系统教学实验台：该实验台由总电源、直流电源、测功机（MEL–13）、可调电阻器（MEL–03）及电动机起动箱（MEL–09B）等 5 个模块组成。

测功机组由涡流测功机、测速发电机组成，与测功机模块（MEL–13）上的数字转速表、转矩显示表以及测功机加载装置一起组成测功系统。测功系统的结构及功能详见实验 4.6。测功时，测功机组要与被测的电容分相式单相异步电动机同轴连接。

本实验使用的单相电源由总电源模块提供的三相四线制电源中的三相相线（U、V、W）中的任一相与中性线组成。

② 电容分相式单相异步电动机：接线盒中插孔 1、2 为主绕组（工作绕组），3、4 为副绕组（起动绕组）。起动电容 35 μF /450 V 需要在实验台的电动机起动箱上外接。

③ 自耦调压器：输入电压为 220/110 V，本实验使用 220 V，输出电压为 0～250 V。

4. 实验原理介绍

由于单相异步电动机没有起动转矩，因此起动电动机时需使用专用的起动装置。图 4.2.1 是电容分相式单相异步电动机的接线示意图，在其定子中放置了一个起动绕组 B，它与工作绕组 A 空间相隔 90°。起动绕组 B 与起动电容器串联，使两个绕组的电流在相位上近于相差 90°，从而实现了分相。

除用电容器来分相外，也可将起动绕组串联适当的电阻（或起动绕组本身的电阻比工作绕组大得多），以达到分相的目的。

S 为起动开关，在电动机内。电动机转起来后，借助离心力的作用将开关 S 断开，从而断开起动绕组。正常工作时只有工作绕组接在电路中。

5. 实验内容及要求

（1）按图 4.2.2（a）接线。自耦调压器～220 V 输入接总电源的 U、N 插孔，其输出电压调至 0，测功机加载旋钮为负载最小位置。**经教师检查和允许后**，接通测功机模块（MEL–13）电源。

（2）按总电源闭合按钮，缓缓转动自耦调压器手柄到 100 V（刻度盘指示）以上时，可以听到单相异步电动机内离心开关 S 断开的声音，即切断起动绕组，此时电动机平稳运转，转速表显示 1 460 r/min 左右，注意观察电动机的旋转方向。

（3）平稳运转中拔掉工作绕组 2 孔与电容器间连线，观察电动机能否正常运转。

（4）在拔掉 2 孔与电容器连线的情况下将自耦调压器调至 0 输出，使电动机停止转动。这时再将自耦调压器调至 60 V 左右，观察不接电容器时分相电动机能否起动。为避免电动机过热，**此项操作时间不要超过 10 s**，此时应迅速使自耦调压器输出回零，**断开总电源**。

（5）改接线路，断开 1、3 孔连线，将 2 孔与 3 孔相接，1 孔接电容器，如图 4.2.2（b）所示，接通电源。重复操作步骤（2），再观察电动机的旋转方向是否与步骤（2）的旋转方向相反。

（6）将自耦调压器调至 0，断开总电源和测功机电源，拆掉接线，整理实验台，将导线放回原处。

6. 实验总结要求

通过上述实验接线与操作，请简述自己对单相异步电动机的起动、运行、反转有了哪些认识。

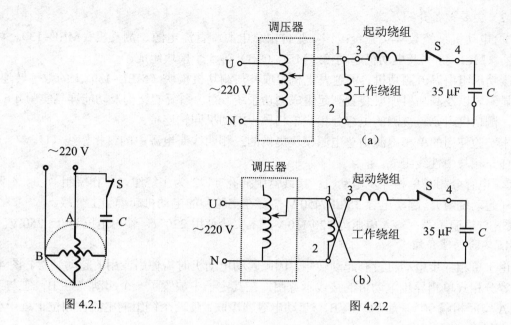

图 4.2.1   图 4.2.2

实验 4.3　步进电动机

1. 实验目的

（1）认识步进电动机，了解步进电动机的运行情况。

（2）学习步进电动机控制系统的接线及基本操作方法。

2. 实验预习要求

（1）复习步进电动机的结构和工作原理。

（2）仔细阅读对本实验所使用步进电动机的简介。

（3）请回答：如何改变步进电动机的转速？

3. 实验仪器和设备

（1）设备名称、型号及规格：

序号	名　　称	型　号	规　格	数　量
1	直流电源	—	5 V	1 台
2	信号发生器	DF1631	—	1 台
3	示波器	V–212	—	1 台
4	步进电动机实验装置	—	—	1 套

（2）主要设备介绍。

① 5 V 直流电源，向步进电动机驱动器提供控制信号 DIR 和 FREE。

② 信号发生器为步进电动机的驱动器提供所需要的幅值为 5 V 的方波 CP 信号。

③ 示波器用于测量信号发生器的方波信号，使其峰–峰值小于 5 V。

④ 步进电动机实验装置包括一台型号为 23HS3002 的步进电动机，一台与之配套的 SH–2H057M 型驱动器，步进电动机驱动电源为 HF70W–24 型开关电源（24 V，3 A）以及刻度盘、指针、支架等辅助机构。

4. 实验原理介绍

（1）步进电动机：步进电动机是一种将电脉冲信号转换为角位移或直线运动的执行机构。当系统接受一个电脉冲信号时，步进电动机的转轴将转过一定的角度或移动一定的直线距离。电脉冲输入越多，电动机转轴转过的角度或直线位移就越多；同时，输入电脉冲的频率越高，电动机转轴的转速或位移速度就越快。

步进电动机分 3 种：永磁式（PM）、反应式（VR）和混合式（HB）。混合式步进电动机混合了永磁式和反应式的优点，它又分为两相、三相和五相等。两相的步距角一般为 1.8°，而五相步距角一般为 0.72°。这种步进电动机具有自阻（即在电动机未加电的情况下有一定的自锁力）。其特点是体积小、效率高，运行时相对较平稳，输出力矩相对较大，运行声音小，是目前应用最为广泛的一种步进电动机。

本实验使用的是两相混合式步进电动机，其外形如图 4.3.1（a）所示，接线方法如图 4.3.1（b）所示。其主要参数为：步距角 1.8°、额定电流 3 A、最大扭矩 1.20 N·m。

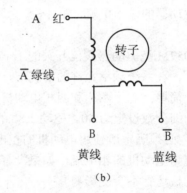

（a）   （b）

图 4.3.1

（2）步进电动机的驱动器：步进电动机必须和配套的驱动器结合起来才能工作，因为步进电动机需要的是频率可变的方波信号。步进电动机的驱动器有多种形式，通常都含有细分控制功能。细分控制功能指对步进电动机相电流进行阶梯化正弦控制，使电动机以较小的单位步距角运行（机械步距角的几分之一或几十分之一），从而降低低频振动。

步进电动机在运转过程中，电磁力的大小与绕组通电电流的大小有关。当通电相的电流并不马上升到最大值，而断电相的电流也不立即降为 0 时，它们所产生的磁场合力，会使转子有一个新的平衡位置，这个新的平衡位置在原来的步距角范围内。也就是说，如果绕组中电流的波形不再是一个近似的方波，而是一个分成 N 个阶梯的近似正弦波，则电流每升降一个阶梯时，转子转动一小步。

当转子按照这样的规律转动 N 小步时，实际上相当于它转过一个步距角。这种将一个步距角细分成若干小步的驱动方法，就称为细分驱动。细分驱动使实际步距角变小，可以大大地提高执行机构的控制精度；同时，也可以减小或消除振动、噪声和转矩波动。

步进电动机的最高起动频率一般比其最高运行频率低许多。如果按最高运行频率起动，步进电动机将产生丢步或根本不运行的情况。因此，应在较低的频率下起动步进电动机，通过连续改变频率，实现连续加速，最后达到其最高转速。本实验用的 23HS3002 型两相混合式步进电动机，最高运行频率为 20 kHz，最高起动频率在 9 kHz 以下。

与上述步进电动机配套的驱动器为 SH–2H057M 型，其外形和输入信号接口电路如图 4.3.2 所示。

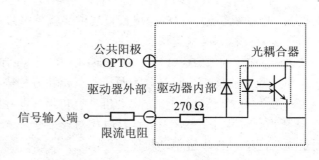

图 4.3.2

SH–2H057M 型驱动器的拨位开关共有 8 位，1～3 位用于设定驱动器的细分数，6～8 位用于设定驱动器的输出电流，第 4～5 位须放在"OFF"位置。使用前应仔细阅读驱动器的面板说明。

SH–2H057M 型驱动器拨位开关的 1～3 位用于设定驱动器的细分数，只需根据面板上的提示设定即可。在系统频率允许的情况下，尽量选用高细分数。细分后电动机的步距角应如何计算呢？很简单：对于两相和四相电动机，细分后的步距角等于电动机的整步步距角除以细分数。例如细分数设定为 40、驱动 1.8° 的电动机，其细分步距角为 1.8°/40 = 0.045°。

使用前，必须确定所使用电动机的相电流（额定电流）。根据面板上的提示将驱动器的输出电流设定为电动机的相电流，如果没有与电动机相电流完全相同的值，可以按最接近的值设定（电动机运行不会受影响）。

FREE 是脱机信号，脱机控制的结果是使电动机停转。由于脱机信号 FREE 接入低电平时，步进电动机驱动器输出到步进电动机的电流被切断，所以电动机的转子处于自由状态（脱机状态）。脱机控制用于在步进电动机驱动器不断电的情况下，要求直接用手动的方式转动步进电动机轴进行调节的场合。而将 CP 脉冲开关断开所造成的停转仍使步进电动机在通电状态下，其定子"锁住"转子，电动机轴处于保持转矩的状态，不能用手进行驱动。

本驱动器的输入信号共有 3 路，它们是：步进脉冲信号 CP、方向电平信号 DIR、脱机信号 FREE。它们在驱动器内部分别通过 270 Ω 的限流电阻接入光耦合器的负输入端，且电路形式完全相同，如图 4.3.2 所示。OPTO 端为 3 路信号的公共正端（3 路光耦合器的正输入端），3 路输入信号在驱动器内部接成共阳方式，所以 OPTO 端必须接外部系统的 V_{cc}，如果 V_{cc} 是 +5 V 则可直接接入；如果 V_{cc} 超过 +5 V 则必须外部另加限流电阻 R，保证给驱动器内部光耦合器提供 8～15 mA 的驱动电流，如表 4.3.1 所示。

表 4.3.1

信号幅值/V	外接限流电阻 R
5	不接
12	680 Ω
24	1.8 kΩ

5. 实验内容及要求

（1）步进电动机控制系统的连接。

步进电动机的控制信号由一台方波信号发生器、一台 5 V 直流电源所组成。如上所述，信号发生器与直流电源输出的电流流向，应与步进电动机驱动器输入信号的电流流向相匹配。

按图 4.3.3 所示接线，将步进电动机驱动器的 $V+$、$V-$ 分别与驱动电源（DC 24 V）的 "+" "−" 极连接；将驱动器的 A_+、A_- 和 B_+、B_- 分别与步进电动机的 A_+、A_- 和 B_+、B_-（红、绿、黄、蓝）进行连接。

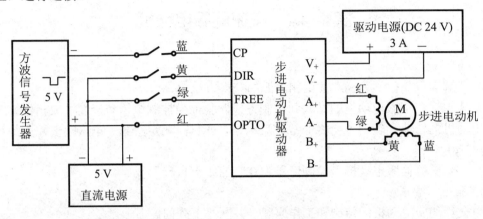

图 4.3.3

（2）设定驱动器的拨位开关。将 SH−2H057M 型驱动器的拨位开关设置成 10011111（注意：此开关的 up=0，down=1），其含义为：选择细分数为 40，额定电流为 3 A。

（3）操作前的检查。检查系统的全部接线，应准确无误；用示波器测量方波发生器的输出方波，使幅值不超过 5 V；控制信号用的直流电源输出电压不得超过 5 V，驱动电源输出电压为 24 V；检查 SH−2H057M 型驱动器的三个输入信号开关，应使它们均处于断开位置（向左扳为断开）。

（4）两相混合式步进电动机控制系统的基本操作。已经连接好的实验系统，可以实现两相混合式步进电动机的起动、停止、方向控制、速度控制和脱机控制。

接通方波信号发生器电源、5 V 直流电源、驱动电源（DC 24 V）。

◇ 起动与停止操作：调节方波信号发生器的频率旋钮为 100 Hz，闭合 CP 脉冲开关，向驱动器输入 100 Hz、5 V 方波，步进电动机开始运转；断开 CP 脉冲开关，步进电动机停止运转，用手拨动步进电动机输出轴上的指针，会发现拨动困难，这是由于步进电动机仍在通电状态下，其定子将转子"锁住"。

◇ 控制转动方向的操作：闭合 CP 脉冲开关，以 100 Hz 频率运转步进电动机；再闭合 DIR 开关，可以看到步进电动机转动方向改变。

◇ 控制速度的操作：闭合 CP 脉冲开关，调节方波发生器，使输出方波频率分别为 5 Hz、50 Hz、500 Hz、5 kHz（方波幅值均不得超过 5 V），以两种转动方向各运转一段时间，观察步进电动机速度的变化情况。

实验中若发生因起动频率过高而造成步进电动机丢步或不运行的情况应立即将起动频率

调低。

◆ 脱机控制操作：以 1 kHz 方波信号运转步进电动机，闭合 FREE 开关，步进电动机立即停转，由于步进电动机的转子处于脱机状态，可直接用手动的方式转动步进电动机轴。

◆ **断开全部电源，拆掉接线，将设备和导线放回原处。**

6. 实验总结要求

（1）说明系统内的两个直流电源分别起什么作用？

（2）SH-2H057M 型驱动器有哪些输入和输出信号？它们各起什么作用？

实验 4.4　交流伺服电动机

1. 实验目的

（1）了解实现相位移为 90° 的两相电源的获得方法。

（2）认识交流伺服电动机的结构和控制方式，验证当控制电压和极性（或相位）发生变化时，电动机的转速和转动方向将非常灵活地跟着变化。测定空载下电压幅值控制的调节特性 $n = f(U_K)$。

（3）了解交流伺服电动机当控制信号为 0 时的"无自转"现象。

2. 实验预习要求

复习交流伺服电动机的结构和工作原理，并回答下列问题：

（1）什么是交流伺服电动机的"无自转"现象？

（2）如何改变交流伺服电动机的旋转方向？

3. 实验仪器和设备

（1）设备名称、型号和规格：

序号	名　称	型　号	规　格	数　量
1	电机系统教学实验台	MEL-Ⅱ型	（同实验 4.2）	1 套
2	交流伺服电动机	M13	$P_N = 25$ W, $U_N = 220$ V, $I_N = 0.55$ A, $n_N = 2\ 700$ r/min	1 台
3	自耦调压器	—	1 kVA（同实验 4.2）	1 个
4	启动电容器	—	6 μF /450 V	1 个

（2）主要设备介绍：6 μF /450 V 启动电容器由电动机起动箱上的电容并联组成。

4. 实验原理介绍

交流伺服电动机需要有 90° 相位差的两相电源构成的两相旋转磁场才能旋转。本实验是在单相电源上采用电容移相的办法获得 90° 相位移。

图 4.4.1 为交流伺服电动机电容移相的接线原理图。交流伺服电动机有两个绕组，即励磁绕组和控制绕组，励磁绕组与电容串联，使两个绕组的电流在相位上近于相差 90°，由此产生旋转磁场。

5. 实验内容及要求

（1）首先使自耦调压器输出为 0，然后按图 4.4.2 实验线路接好线后，将测功机加载旋钮旋在负载最小位置。**经教师检查允许后**，打开转速表（MEL–13 模块）电源开关。

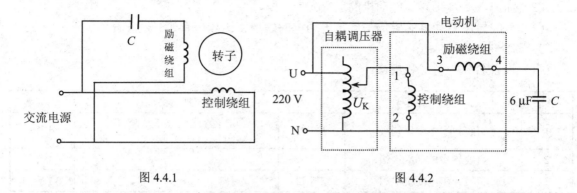

图 4.4.1　　　　　　　　　　　　　　　　　图 4.4.2

（2）按总电源闭合按钮，依照表 4.4.1 所示 U_K（控制绕组电压）数据，缓缓转动自耦调压器输出调节旋钮，观察转速表显示，观察电动机的旋转方向，并将电动机转速填入表 4.4.1 中。将 U_K 一直调到 220 V，再缓缓降低控制绕组电压直至 0，**断开总电源**。

（3）对调控制绕组 1、2 两端接线，接通总电源，再缓缓升高电压，电动机向相反方向旋转，观察电动机的旋转方向。

（4）通过调整控制绕组电压 U_K，将电动机转速调至 500 r 左右，拔掉控制绕组 1 孔接线，电动机停转，再接上 1 孔连线使电动机恢复转动。断开控制绕组，电动机不能立即停止转动的原因是与其连轴的测功机的转子转动惯量大所致。可以再连接一台未与测功机连轴的交流伺服电动机，进行上述同样操作，可以看到"无自转"现象：即拔掉控制绕组 1 孔接线，电动机立即停转。

（5）**断开全部电源，拆掉接线，将设备和导线放回原处。**

表 4.4.1

U_K/V	13	40	80	150	220
$n/(\mathrm{r \cdot min^{-1}})$					

6. 实验总结要求

（1）绘制交流伺服电动机的空载调节特性 $n = f(U_K)$ 曲线。

（2）交流伺服电动机去掉控制绕组电压 U_K 后为什么不自转？在这点上它与一般三相异步电动机有何不同？

实验 4.5　直线异步电动机的认识实验

1. 实验目的

（1）认识直线异步电动机。

（2）学习直线异步电动机控制电路接线以及运行操作。

2. 实验预习要求

复习直线异步电动机的基本结构和工作原理，回答下列问题：

（1）直线异步电动机为什么不能将初级和次级做成一样长？

（2）如何改变直线异步电动机的运行方向？

（3）直线异步电动机的磁场与旋转电动机的磁场相比较，有何异同？

3. 实验仪器和设备

（1）设备名称、型号和规格：

序号	名　　称	型　号	规　　格	数　量
1	直线异步电动机初级	727 92	3～　MOTOR　Y　23 V ⊓⊔ 2 A　0.8 Nm　　　　25 Hz	1个
2	直线异步电动机次级	727 91	—	1个
3	直线异步电动机电源	725 72	—	1台

（2）主要设备介绍：实验用的直线异步电动机是应用最为广泛的扁平型直线电动机，也叫双边型直线电动机，如图 4.5.1 所示。

图 4.5.1

该直线异步电动机做成了短初级，长次级的形式。它的次级作为直线异步电动机的运动滑轨做得很长，并且被固定，当直线异步电动机的初级通电时，初级对于次级（滑轨）做相对运动。

实验用的直线异步电动机配备有专用的三相电源，其控制面板如图 4.5.2 所示。从左至右

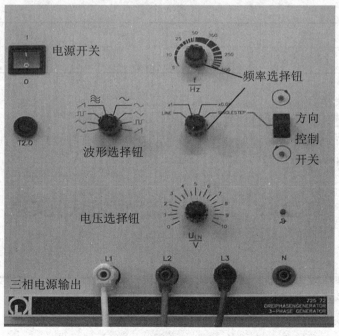

图 4.5.2

分别为：一个波形选择钮、两个频率选择钮、一个电压选择钮以及一个方向控制开关。控制面板下边是三相电源输出插孔。该电源能够输出三相频率可调、线电流为 2 A、线电压为 23 V 的方波。

4. 实验内容及要求

按图 4.5.3 接线。

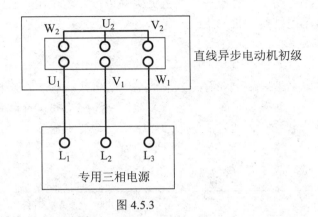

图 4.5.3

通电前对专用三相电源进行如下设置：

◇ 波形选择钮置于三相方波位置；

◇ 上面的频率选择钮置于刻度 5 处，下边的频率选择钮置于"×1"位置；

◇ 电压选择钮置于刻度 10 位置。

由于导线较长，直线异步电动机运动时应用手将导线托起至适当高度。操作步骤如下。

（1）打开三相电源的电源开关，直线异步电动机（初级）立即开始运动，到一端的橡胶挡圈时，将方向控制开关向上（或向下）扳一下，直线异步电动机向另一侧运动，到另一侧挡圈时再扳一下方向控制开关，如此往返几次，同时观察直线异步电动机的运动速度。

注意：直线异步电动机初级通电时，不应使其长时间停止于挡圈处，应及时操作方向开关使其向另一方向运动，否则会使直线异步电动机因过热而造成损害。直线异步电动机不运动时应随时关闭三相电源的电源开关。

（2）保持其他选择钮不动，旋转频率选择钮，转至刻度 25 处（不得超过 25），使频率增加。打开三相电源的电源开关、使直线异步电动机运动，观察其运动速度，可以看出直线异步电动机的运动速度明显改变。本项操作完成后关闭电源开关。

（3）保持频率选择、波形选择钮不动，将电压选择钮从刻度 10 转到 4.5，使电压减小。打开电源开关，可以观察到直线异步电动机运动很缓慢，甚至不能运动，这是因为三相电源输出电压被调得过低，使直线异步电动机不能产生足够的电磁推力。本项操作完成后关闭电源开关。

（4）保持波形、频率不变，将电压选择钮调至 10 刻度。打开三相电源的电源开关，运行直线异步电动机，观察直线异步电动机的运行方向，然后断开电源，对调三相电源的直线异步电动机的输出线 L_1、L_2 或 L_2、L_3，再接通电源，能观察到直线异步电动机向相反方向运动。

5. 实验总结要求

如何控制直线异步电动机的运动速度、运动方向以及电磁推力？

实验 4.6　直流他励电动机的认识实验

1. 实验目的

（1）了解直流电动机实验中所用的直流电动机、测功机组、仪表、变阻器等组件。

（2）学习直流他励电动机的接线、起动、停止，改变电动机转向及调速的方法。

2. 实验预习要求

（1）复习直流电动机、直流他励电动机的基本知识。

（2）认真阅读实验指导书中有关直流他励电动机接线和运转操作的要求。

（3）直流他励电动机起动时，为什么在电枢回路中需要串接起动变阻器？

（4）直流他励电动机起动时，励磁回路中串接的变阻器应调至什么位置？为什么？

3. 实验仪器和设备

（1）设备名称、型号和规格：

序号	名　称	型　号	规　格	数　量
1	直流电动机	M03	$P_N = 185\ W$　$U_N = DC\ 220\ V$ $I_N = 1.1\ A$　$n_N = 1\ 600\ r/min$ $I_{fn} < 0.16\ A$	1 台
2	电机系统教学实验台	MEL–Ⅱ	—	1 套
3	测功机组	—	—	1 套

（2）主要设备介绍：M03 直流电动机有两个绕组：电枢绕组和励磁绕组，它既可以接成并励方式，又可以接成他励方式，本实验采用他励方式接线。

MEL–Ⅱ型电机系统教学实验台（图 4.6.1）由总电源、直流电源模块、测功机模块 MEL–13、电动机起动箱模块 MEL–09B 以及几种电工仪表组成。

总电源向实验台提供三相四线 380 V 交流电源，总电源开关是实验台左侧的自动空气断路器（以下简称自动开关）。

直流电源有两个，一个是电压可调直流稳压电源，输出电压 DC 80～220 V，最大输出电流 2.5 A，向 M03 电枢绕组供电；另一个是输出固定电压 DC 220 V 的稳压电源，最大输出电流 0.5 A，向 M03 励磁绕组供电。在接线中，两种直流电源不能接错。

测功机组由电涡流测功机、直流测速发电机组成（图 4.6.1），与测功机模块 MEL–13 上的数字转速表、数字转矩表以及测功机加载装置一起组成测功系统。测功时，测功机组要与被测直流电动机同轴连接，同时还要连接好测功机组到测功机模块 MEL–13 之间的 14 针电缆。

实验台上有 5 块电工仪表，直流电源模块上有 3 块，从左至右分别为：励磁电流测量表（mA）、电压输出显示表（V）（显示电动机电枢电压）、电枢电流测量表（A）。

测功机模块 MEL–3 上有两块电工仪表，从上至下为：转速显示表（简称转速表）、转矩显示表（简称转矩表）。转速显示信号由测功机组上的直流测速发电机提供，转矩表显示测功机对被测电动机加载的转矩。实验中进行加载操作时，无论是增大或是减少转矩，都应该缓缓转动测功机加载旋钮，这是非常重要的！用力过猛和速度过快，将会对电动机轴和连接器件造成损害。电动机停止时，转矩显示应为 0，若不为 0，应使用调零电位器进行调整。另外，操作时应注意 MEL-13 模块下方 3 A 开关向上扳时才能够进行加载。

　　电动机起动箱 MEL-09B 上有两个起动电阻，上面的 R_1 是电枢调节电阻，下面的 R_2 是磁场调节电阻。

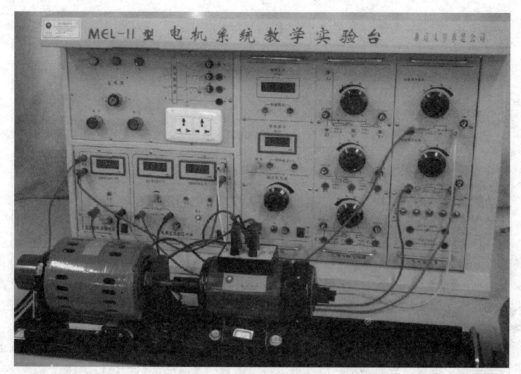

图 4.6.1

4. 实验内容及要求

　　（1）接线前准备：闭合实验台左侧自动开关，打开励磁电源（在电源模块最左侧）、可调直流稳压电源以及测功机模块的电源开关，按下可调直流稳压电源的复位按钮，左旋电压调节旋钮，将输出电压调至最小（约 80 V）；检查各仪表是否能正常显示，然后关闭各模块电源开关和总电源的自动开关。

　　（2）连接实验线路：按照图 4.6.2 接线。

　　图 4.6.2 中，TG、G、M 分别为测速发电机、测功机和直流电动机，它们之间的虚线表示测功机组与直流电动机同轴连接。

　　图中仪表 A_1 为电枢电流测量表，单位为 A；仪表 A_2 为励磁电流测量表，测量单位为 mA；两个表不能互换，电流表测量孔的红色孔为正极性，接线时按电流实际方向应使电流流入正孔。

　　R_{P1} 为电枢电流调节电阻，参数为 100 Ω/1.22 A；R_{P2} 为励磁电流调节电阻，参数为 3 000 Ω/200 mA。从参数上可知，两个电阻连接时位置不可以互换。

　　仪表 V 为可调直流稳压电源（电枢电源）输出电压显示。

图 4.6.2 所示直流电动机 M03 上一共有 4 个接线孔，A_1、A_2 为电枢绕组的两端，F_1、F_2 为励磁绕组的两端。

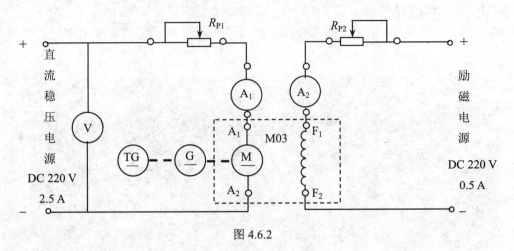

图 4.6.2

测功机组与测功机模块 MEL–13 之间使用 14 针电缆进行连接。

连接完实验线路后还要进行下面的操作。

◆ 将电动机起动箱 MEL–09B 上的电枢调节电阻 R_{P1} 调至阻值最大（旋钮右旋到底），磁场调节电阻 R_{P2} 调至阻值最小（旋钮左旋到底）。

◆ 打开实验台总电源，打开测功机模块 MEL–13 上的电源开关，3 A 开关向上扳，将测功机加载旋钮左旋到底（不加载），转矩表上显示若不为 0（电动机停止时应为 0）应进行调零操作，之后关闭实验台总电源。

注意：通电运行前，教师要检查全部实验线路是否连接正确、可靠，各器件是否按上述要求调整至指定位置。经教师确认后才能进行下面各项直流电动机的运行操作。

（3）起动操作：闭合总电源的自动开关，打开励磁电源和可调 220 V 直流稳压电源的开关，按下可调稳压电源的复位按钮，直流电动机 M03 开始运转，转速表显示为 500 r。此时励磁电压为 220 V，励磁电流为 110 mA，可调稳压电源（电枢电源）输出为 80 V，电枢电流表显示 0.07 A，转矩表显示 0.03 N·m。

需要指出，上述各参数均为参考数值，由于直流电动机 M03 以及各实验台元器件参数的分散性，实验中电动机起动时的最低转速等数据及其他各工况下的相关运行参数都会有所不同，如果差异过大应请教师来检查或调整。

记下上面直流电动机 M03 在本实验系统中的最低转速及相关各参数，直流电动机 M03 在停止运转切断总电源前，系统必须恢复到上述各参数值。

（4）改变电动机转向：在最低转速下（500 r/min）观察直流电动机转向，然后关闭实验台总电源开关，待直流电动机停稳后将其电枢绕组两端 A_1、A_2 或励磁绕组两端 F_1、F_2 的接线对调，按起动操作步骤分别起动运转一次，观察直流电动机 M03 的转向。

注意：在直流电动机运转中，千万不要进行对调励磁绕组两端 F_1、F_2 接线的操作，即不要断开励磁绕组的接线使 $I_f = 0$，否则会造成"飞车"（直流电动机转速失控）。

（5）直流他励电动机的调速：

① 改变电枢电压调速（保持励磁电流 110 mA 不变，不加载）。在最低转速运转状态下，

先调节可调直流稳压电源的电压调节旋钮，使输出电压慢慢升至 220 V（不得超过 220 V）；然后缓缓减少（旋钮左旋）电枢调节电阻 R_{P1} 的阻值，直至阻值最小。整个过程为

可调直流稳压电源输出调整：从 80 V 升至 220 V，转速变化从 500 r/min 升至 1 500 r/min。

R_{P1} 阻值调整：从最大阻值 100 Ω 减到 0 Ω，转速变化为从 1 500～1 560 r/min。

R_{P1} 调整完成后，电枢绕组两端电压已达到直流电动机 M03 的额定值 220 V，转速也已接近其额定值 1 600 r/min，转矩为 0.03 N•m（空载），电枢电流几乎不变（0.09 A）。

② 改变励磁电流调速。

◇ 在上面的运行状况下，保持转矩不变（空载），电枢调节电阻 R_{P1} 保持在电阻值最小位置，将可调直流稳压电源输出电压调至 160 V，转速表显示为 1 130 r/min，励磁电流为 110 mA；缓缓将磁场调节电阻 R_{P2} 阻值调至最大，此时励磁电流减至 49 mA，转速变为 1 580 r/min。

注意：在调整 R_{P2} 时，不要使直流电动机转速超过 1 600 r/min。

◇ 将励磁电阻 R_{P2} 阻值调至最小（右旋到底），励磁电流又变为 110 mA，转速也随之降至 1 130 r/min。此时左旋测功机模块 MEL–13 上的测功机加载旋钮以增大转矩，使转矩由 0.03 N•m 变为 1.00 N•m，电枢电流随之从 0.08 A 升至 0.80 A，转速降为 1 040 r/min。

◇缓缓将励磁电阻调至最大，直流电动机转速随之不断升高，最终可接近 1 600 r/min（不得超过 1 600 r/min）。此时励磁电流应为 50 mA 左右，电枢电流 0.9 A（额定电流 I_N=1.1 A）；可以看出，在有较大负载的情况下，励磁电流从 110 mA 降至 50 mA，转速同样可以升至接近 1 600 r/min。

注意：在进行上述各项调整时，均应注意缓缓地边观察仪表，边进行调整，切不可用力过猛和速度过快，以免造成实验系统的机械损坏或直流电动机被过大的负载"堵转"（停转）。

这里强调：如果出现"飞车""堵转"或其他异常情况要立即切断实验系统左侧的自动开关。

（6）停止运转：直流电动机停止运转必须严格按下述步骤操作。

◇ 调节 R_{P2}，使励磁电流为最大（110 mA）。

◇ 调节测功机加载旋钮，使转矩为最小（近似为 0 N•m）。

◇ 调节 R_{P1}，使电枢调节电阻为最大。

◇ 调节可调直流稳压电源，使其输出电压为最小（80 V）。

◇ 切断实验系统总电源的自动开关，然后再关闭各模块的电源开关。

注意：切不可先切断励磁电流开关，否则会造成"飞车"。

5. 实验总结要求

（1）为什么改变直流电动机转向时，不能将电枢绕组两端和励磁绕组两端的接线同时对调？

（2）如何对直流电动机进行调速？

（3）在实验中你遇到些什么问题？是如何解决的？

第 5 章

控 制 实 验

实验 5.1　继电接触器控制电路

1．实验目的

（1）了解异步电动机的铭牌、额定值。

（2）熟悉按钮、接触器、时间继电器组成的实现电动机点动、长动和正反转等的控制电路的使用。

2．实验预习要求

（1）复习实现交流异步电动机正反转的方法。

（2）复习常用控制电器中按钮、交流接触器和时间继电器的结构和工作原理。

（3）复习用按钮、交流接触器和时间继电器等组成的实现异步电动机点动、长动、正反转和延时等的控制电路，同时了解自锁和互锁环节的作用。

（4）完成实验内容及要求中的（4）、（5）设计。

3．实验仪器和设备

（1）设备名称、型号和规格：

序号	名　称	型　号	规　格	数　量
1	交流异步电动机	AE-5614	$P_N = 90$ W，$U_N = 380$ V，丫/△ $I_N = 0.39$ A，$n_N = 1\,370$ r/min	1 台
2	交流接触器	CJX1-9/22	线圈电压 380 V，额定电流 20 A 3 对常开主触点 2 对常开辅助触点 2 对常闭辅助触点	2 台
3	按　钮	MC1007 按钮挂板	触点数：3 对常开，3 对常闭	1 只
4	时间继电器	JS7-2A	线圈电压 380 V、延时 0.4～60 s 触点额定电流 5 A 瞬时触点：1 对常开，1 对常闭 延时触点：1 对常开，1 对常闭	1 台

（2）主要设备介绍：本实验使用的 AE-5614 型三相异步电动机是特制的专用实验电动机，定子绕组既可以接成星形，又可以接成三角形，如图 5.1.1 所示。在下面的实验中，可以将三相异步电动机的两种联结方法都试一下。

以下实验电路中的电源开关 QB 均为自动空气断路器，具有短路保护和过载保护功能，能够在电路出现故障时自动切断电源，在电动机的电气控制电路中常用作总电源开关。操作时，将自动开关的手柄向上扳，为接通电源。

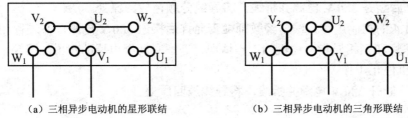

（a）三相异步电动机的星形联结　　　　　　（b）三相异步电动机的三角形联结

图 5.1.1

4. 实验内容及要求

（1）分析图 5.1.2 电路的控制功能，按图接线，**经教师检查允许后接通 380 V 电源**。进行如下操作：

◇ 按一下 SF$_2$ 按钮，观察三相异步电动机的运行情况，按 SF$_1$，使三相异步电动机停转。

◇ 按一下 SF$_3$ 按钮，观察三相异步电动机的运行情况。

◇ **完成操作后断开 380 V 电源并拆线。**

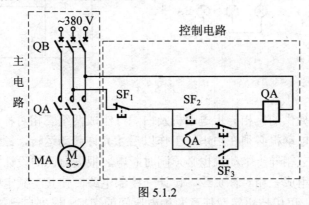

图 5.1.2

（2）按图 5.1.3 的正、停、反转控制电路接线，**经教师检查允许后接通 380 V 电源**。并进行如下操作：

◇ 按一下 SF$_F$，观察三相异步电动机的转向，按 SF，使三相异步电动机停转。

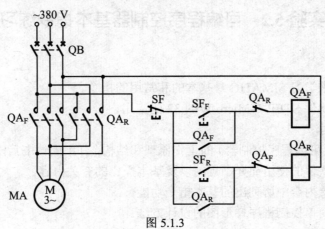

图 5.1.3

◇ 按一下 SF_R，观察三相异步电动机的转向，再按 SF_F，观察互锁环节的作用。按 SF，使三相异步电动机停转。

◇ **完成操作后断开 380 V 电源并拆线，将导线分颜色放回原处。**

（3）按图 5.1.4 的控制电路接线，**经教师检查允许后接通 380 V 电源**，并进行如下操作：按 SF_2，观察白炽灯和三相异步电动机的工作情况，理解时间继电器的作用，按 SF_1，白炽灯和三相异步电动机停止工作。

完成操作后，断开 380 V 电源并拆线，将导线放回原处。

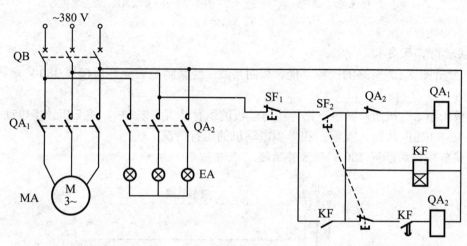

图 5.1.4

（4）利用实验室提供的三相异步电动机及白炽灯组成两组三相对称负载，设计一控制电路，要求：三相异步电动机必须在白炽灯工作以后才允许起动运转，三相异步电动机可单独停车，白炽灯断电时三相异步电动机也必须同时断电。根据自己的设计完成实际接线。

（5）利用白炽灯组成三相对称负载，设计一控制电路，使其在额定电压 220 V 或者在额定电压 127 V 下工作，可用按钮实现任意两种电压间的切换。根据自己的设计完成实际接线。

5. 实验总结要求

写出图 5.1.4 控制电路的工作过程。

实验 5.2　可编程序控制器基本指令练习

1. 实验目的

（1）通过实例来学习 SIMATIC 最基本的和常用的指令。

（2）熟悉编程软件 STEP 7–Micro/WIN 32 的应用。

2. 实验预习要求

（1）了解 PLC（可编程序控制器）的工作原理和结构，仔细阅读书后附录中关于 STEP 7–Micro/WIN32 编程软件的使用简介、规约以及基本操作的有关内容。

（2）熟悉本实验内容中所列出的基本指令功能。

（3）学习一般简单控制程序梯形图的设计方法。

3. 实验仪器和设备

实验用 S7–200 Micro PLC（CPU 224）系统组成：

序号	名　　称	规　　格	数量
1	电源模块（DC）	提供 24 V 直流电压	1 个
2	CPU 224 模块	输入点数 14 个：I0.0～I0.7　　I1.0～I1.5 输出点数 10 个：Q 0.0～Q 0.7　Q1.0～Q1.1	1 个
3	数字量输入扩展模块 EM221	I2.0～I2.7	1 个
4	数字量输出扩展模块 EM222	继电器型，Q2.0～Q2.7	1 个
5	模拟量输入扩展模块 EM231	4 路 12 位模拟量输入： AIW0～AIW6（偶数地址）	1 个
6	模拟量输出扩展模块 EM232	2 路 12 位模拟量输出： AQW0～AQW2（偶数地址）	1 个
7	个人计算机（PC）		1 台
8	PC/PPI 电缆		1 条
9	开关量输入板		1 块

开关量输入板：用于模拟来自外部的对 PLC 的控制信号。其中按钮是常开的，其余开关的位置可以任意设置，向上推为"ON"，向下扳为"OFF"，每个开关的状态（ON 或 OFF）可以由 PLC 模块上输入端相对应的 LED 显示。

4. 实验内容及要求

（1）位逻辑指令练习。

① 用 STEP 7–Micro/WIN32 编程软件，输入图 5.2.1（a1）中的梯形图，并进行编辑修改，经检查无误后，保存并下载到 PLC 上。

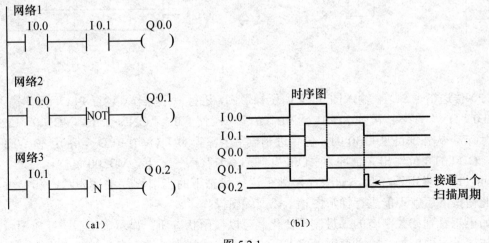

图 5.2.1

运行这个程序:操作输入信号控制板上相对应的小开关,使 I 0.0、I 0.1 为"ON",观察 Q 0.0、Q 0.1、Q 0.2 的状态。它们的状态可以从 PLC 本机上与输出点相对应的 LED 看出(其中 Q 0.2 瞬间闪烁一下),也可以通过操作程序状态钮来观看。其运行结果应该符合图 5.2.1 (b1)的时序图。

练习一个给定程序,且要经过上述操作。如果是自己编写的较复杂程序,则需要经过附录中 F 叙述的调试、监控、排错等步骤。

② 输入图 5.2.1 (a2)的梯形图并下载,运行 PLC,操作输入开关,使 I 0.2 "ON"一下,可以看到 Q 0.2、Q 0.3 被置"1",Q 0.1 可以被置"0"。

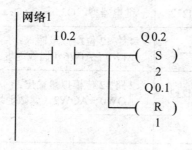

图 5.2.1(a2)

③ 输入图 5.2.1 (a3),运行 PLC,操作输入开关,使 I 0.0 为"ON"。观察 Q 0.0、Q 0.1、Q 0.2、Q 0.3 的状态与 I 0.0 状态的关系。结合图 5.2.1 (b2)的时序图,就可以验证出输出、置位、复位指令的功能。

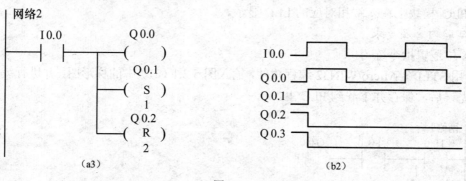

图 5.2.1

(2)传送指令练习。输入图 5.2.2 所示梯形图,进行以下操作。运行 PLC,操作输入开关,使 I 0.0 "ON"一下,常数 225 传至 VB100 字节;使 I 0.1 "ON"一下,VB100 中 255 传至 QB0 字节。从外部可见 QB0 的 8 位二进制数字全部为 ON(8 个 LED 全亮);使 I 0.3 "ON"一下,QB0 的 8 位输出又全部为"OFF"。使 I 0.2 "ON"一下,VB100 复位。

可以进一步用程序状态钮来显示处于运行状态下的当前程序的逻辑状态和参数值的变化,此钮按下后就不能进行梯形图输入以及编辑操作了。

如果想看到相关字节的二进制数变化,可以按图状态钮。显示表格后,释放图状态钮,然后依序单击地址栏,输入要看的字节;再打开格式栏中的滚动条,选择二进制;最后再按图状态钮，就可以看到该字节的 8 位二进制数在运行状态下的变化。用上面的操作来分析：若在网络 4（Network 4）下编的程序为把常数 0 送至 VW99，是否也能将 VB100（值为 255）复位？VW99 为 16 位二进制数，必须先用鼠标将当前值栏展宽才能看到。

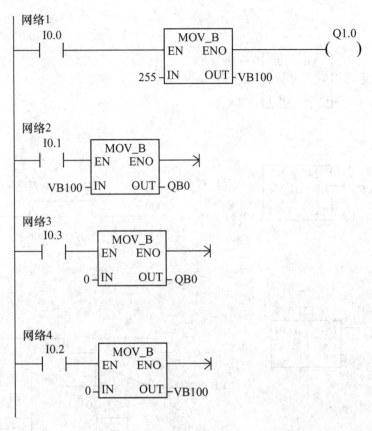

图 5.2.2

上面叙述的对程序状态钮与图状态钮的操作非常重要，在后面的练习中总要用到它们。

（3）比较指令练习。输入图 5.2.3 所示梯形图。当向 VW4、VW8 送数后，所送的数将使网络 1（Network 1）中的程序运行结果分别为 Q 0.3 "ON" 和 Q 0.3 "OFF"。运行 PLC，操作输入开关，先 "ON" I 0.0，再 "ON" I 0.1，最后 "ON" I 0.2。这是整数比较指令，编程时应注意操作数取值范围。运行这个程序，成功后再选两条比较指令进行编程练习。

（4）定时器指令练习。SIMATIC 指令集中有 3 种定时器：接通延时定时器（TON）、有记忆接通延时定时器（TONR）、断开延时定时器（TOF）。它们各自都有 3 个分辨率，这些分辨率由定时器号决定。编程时注意不能把一个定时器号同时用作 TON 和 TOF。例如，不能既有 TON T32，又有 TOF T32。

① 接通延时定时器（TON）：输入图 5.2.4（a）所示梯形图。运行 PLC，操作输入开关，使 I 0.0 "ON"。按程序状态钮可以清楚看出：I 0.0 "ON" 后 T37 的当前值增计时；I 0.0 "OFF"，当前值被清零。T37 的输出驱动一个输出线圈后，就可以看到 T37 的当前值大于或等于设定值时，定时器 T37 的输出位由 "OFF" 变为 "ON"，Q1.1 被置 "1"。

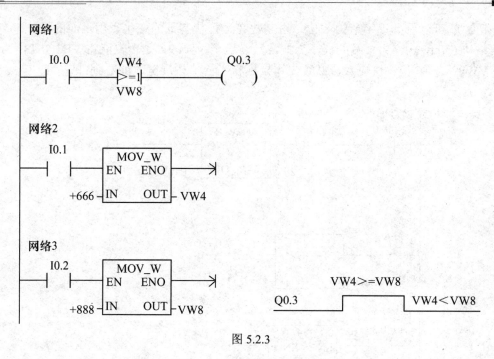

图 5.2.3

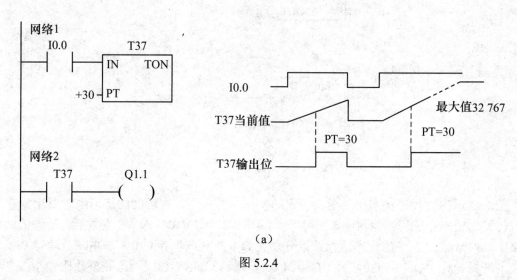

（a）

图 5.2.4

② 有记忆接通延时定时器（TONR）：输入图 5.2.4（b）所示梯形图，运行 PLC，对照图 5.2.4（b）所示时序图，操作输入开关，使 I0.1 "ON"。观察 T5 的当前值变化。可以看出：T5 当前值增至 30，Q0.5 "ON"，而当前值继续增计数。若使 I 0.1 "OFF"，T5 输出（ON）与当前值均应保持不变（有记忆，不复位）。只有使 I 0.2 "ON"（利用了复位指令），T5 输出与当前值才能被复位。

③ 断开延时定时器（TOF）：输入图 5.2.4（c）所示梯形图，运行 PLC，操作输入开关，对照图 5.2.4（c）中的时序图，操作 I0.2，使其 "ON" "OFF" 几次。不难看出 TOF 指令与 TON、TONR 指令的不同在于它是用输入信号的接通到断开的跳变来启动计时的，且当达到预设时间时，TOF 输出位断开（OFF）。

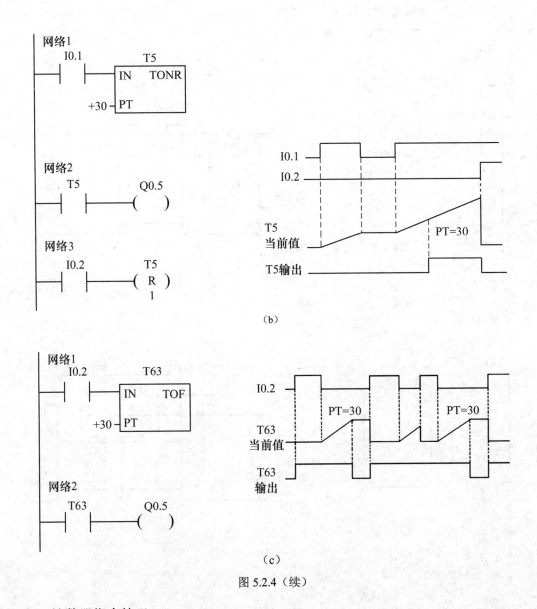

图 5.2.4（续）

（5）计数器指令练习。

① 减计数器指令（CTD）：输入图 5.2.5（a）左侧所示梯形图，对照图 5.2.5（a）右侧所示时序图，运行这个程序。操作输入开关，先 "ON" I0.1 一下，C50 的输出位清零，当前值置为 "3"。使 I 0.0 "ON" 3 次，当前值减为零，同时 C50 位输出为 1……按程序状态钮，就可以看到计数器 C50 当前值与输出位的变化。

② 增/减计数器指令（CTUD）：输入图 5.2.5（b）左侧所示的梯形图，图中 CU 为增计数输入端，CD 为减计数输入端，R 为清零端。运行 PLC，对照 5.2.5（b）右侧所示时序图，操作输入开关，练习和理解 CTUD 指令。

（6）整数数学运算指令练习。输入图 5.2.6 所示梯形图，并运行这个程序，按程序状态钮。操作输入开关，分别使 I 0.0 或 I 0.1 "ON" 一下，可以将常数 4 000 或 0 送入 VW100。再使

I 0.7 "ON" 一下，就能看到整数加法与整数除法的运算结果，整数除法产生 16 位的商，不保留余数。

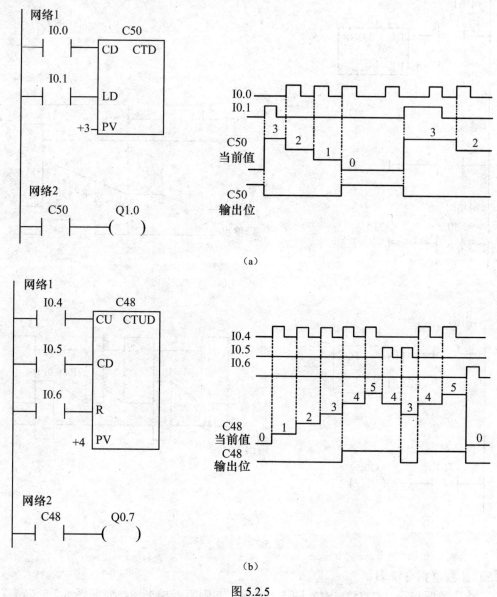

图 5.2.5

（7）逻辑操作指令练习。逻辑操作指令包括字节、字、双字的与、或、异或、取反等 12 条指令，下面仅以字的逻辑操作为例进行练习。

输入梯形图 5.2.7，先用程序状态钮的操作看程序的运行：使 I 0.0 "ON" 一下，VW10 中为 8045，VW20 中为 5326；使 I 0.1 "ON" 一下，VW10 和 VW20 相 "与"，结果送入 VW10 中，VW10 由 8045 变为 5196。观看逻辑运算可以使用图状态钮，具体操作过程参看附录 F.5.2 的操作说明。可交替选择二进制格式与不带符号格式进行观察。

（8）移位和循环指令练习。输入图 5.2.8 所示并运行。使 I 0.0 "ON" 一下，向 VW100、VW200 送数。使 I 0.1 "ON" 一下，就可以看到循环和位移的结果。用图状态钮的操作观察

VW100 和 VW200 中"位"的变化。如果不使用正跳变指令"P"，就无法看清程序运行的结果。I 0.1 每"ON"一下，VW100 中二进制数就循环右移 3 位，而 VW200 中的二进制数则左移 3 位。

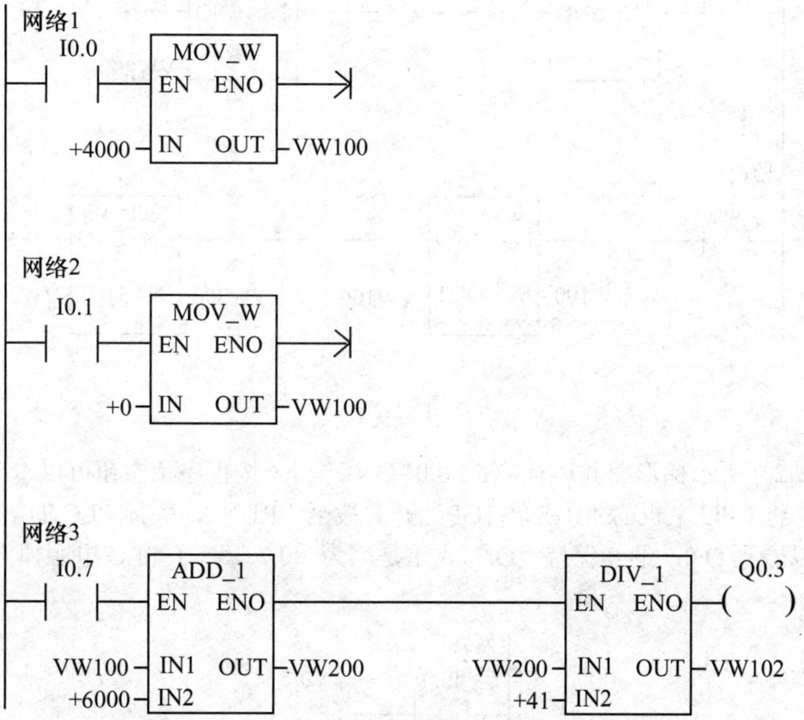

图 5.2.6

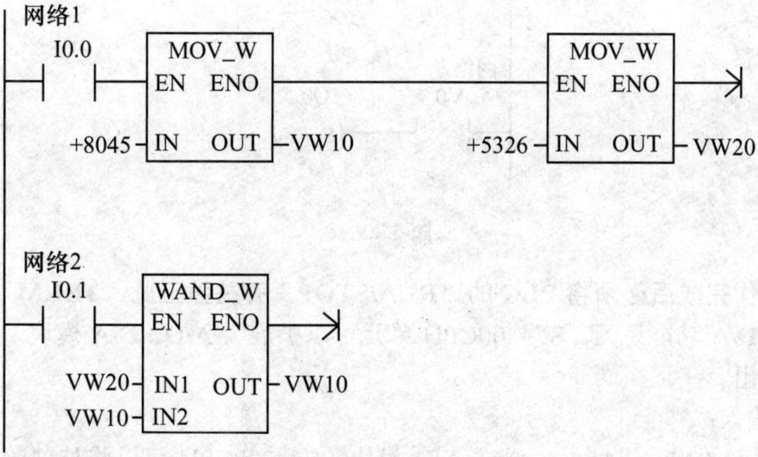

图 5.2.7

（9）掉电保持练习。具有掉电保持功能的内存在电源断电后又恢复时能保持它们在电源掉电前的状态。CPU 224 的默认保持范围：VB0.0～VB5119.7、MB14.0～MB31.7、TONR 定时器以及全部计数器。其中定时器和计数器只有当前值可以被保持，而定时器和计数器的位是不能保持的。

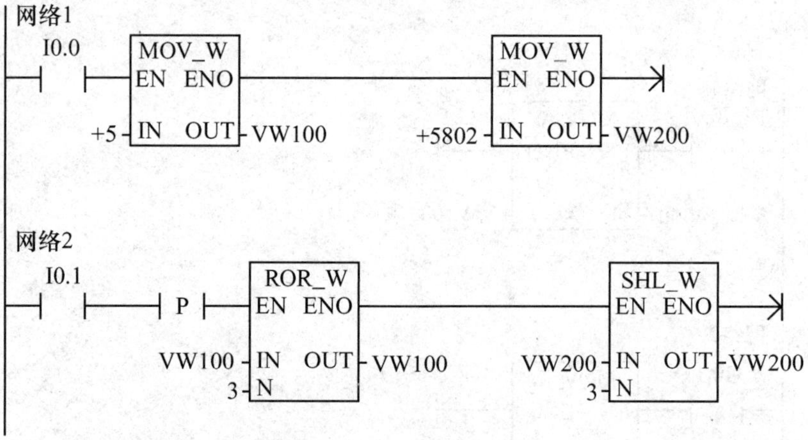

网络1
I0.0
MOV_W
EN ENO
+5
IN OUT
VW100
MOV_W
EN ENO
+5802
IN OUT
VW200
网络2
I0.1
P
ROR_W
EN ENO
VW100
IN OUT
VW100
3
N
SHL_W
EN ENO
VW200
IN OUT
VW200
3
N

图 5.2.8

输入图 5.2.9 所示梯形图并运行，使 I 0.0“ON”一下，按程序状态钮可以看到 V0.7“ON”，Q0.5“ON”。将 CPU 主机的“RUN/STOP”开关拨至“RUN”，关掉 PLC 的电源，过一会儿再打开，可以看到 Q 0.5 继续保持“ON”。这是因为 V0.7 保持了 PLC 电源掉电前的状态。

网络1
I0.0
V0.7
V0.7
网络2
V0.7
Q0.5

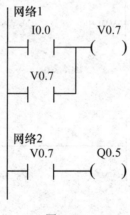

图 5.2.9

注意：本操作完成后必须将 PLC 的“RUN/STOP”开关拨至此“TERM”位置。

（10）A/D、D/A 功能练习。S7–200CPU 单元可以扩展为 A/D、D/A 模块，从而可实现模拟量的输入和输出。

① 模拟量输入：

a. 模拟量输入（AI）寻址——通过 A/D 模块，S7–200CPU 可以将外部的模拟量（电流或电压）转换成一个字长（16 位）的数字量。可以用区域标识符（AI）数据长度（W）和模拟通道的起始地址来读取这些量，其格式为

AIW [起始字节地址]

因为模拟输入量为一个字长，且从偶数字节（0、2、4）开始，所以必须从偶数字节地址

读取这些值，如 AIW0、AIW2、AIW4 等。

b. 模拟量 I/O 模块的配置——与 S7–22XCPU 配套的 A/D、D/A 模块有 EM231（4 路 12 位模拟量输入）、EM232（2 路 12 位模拟量输出）、EM235（4 路 12 位模拟量输入/1 路 12 位模拟量输出）。

使用 EM231 和 EM235 输入模拟量时，首先要进行模块的配置和校准。通过设定模块中的 DIP 开关，可以设定输入模拟量的种类（电流、电压）以及模拟量的输入范围、极性。

设定模拟量输入类型后，需要进行模块的校准，此操作需通过调整模块中的"增益调整"电位器来实现。

c. 输入模拟量的读取——每个模拟量占用一个字长（16 位），其中数据值占 12 位，依据输入模拟量的极性，其数据字格式有所不同。

单极性数据：

			2	1	0
0	数据值 12 位		0	0	0

双极性数据：

		3	2	1	0
数据值 12 位		0	0	0	0

在读取模拟量时，利用数据传送指令 MOV–W 可以从指定的模拟量输入通道将其读取到内存中，然后根据其极性，利用移位指令或整数除法指令将其规格化，以便于处理模拟量的数据值部分。

② 模拟量输出：

a. 模拟量输出（AQ）寻址——通过 D/A 模块，S7–200CPU 把一个字长（16 位）的数字量按比例转换成电流或电压。可以用区域标识符（AQ）数据长度（W）和模拟通道的起始地址来存储这些量，其格式为

$$AQW[起始字节地址]$$

因为模拟输出量为一个字长，且从偶数字节（0、2、4）开始，所以必须从偶数字节地址存储这些值，如 AQW0、AQW2、AQW4 等。

b. 模拟量的输出——模拟量的输出范围为+10～–10 V 电压或 0～20 mA 电流（由接线方式决定）。

每个模拟量占用一个字长（16 位），其中数据值占 12 位，依据输出模拟量的类型，其数据字格式有所不同。

电流输出字：

			2	1	0
0	数据值 12 位		0	0	0

电压输出字：

		3	2	1	0
数据值 12 位		0	0	0	0

在输出模拟量时，首先根据电流输出方式或电压输出方式，利用移位指令或整数乘法指令对其数据值部分进行处理，然后利用数据传送指令 MOV_W 将其从指定的模拟量输出通道输出。

③ 模拟量 I/O 举例：

［例 5.2.1］从模拟量输入通道 AIW2 读取 0～10 V 的模拟量，并将其存入 VW100 中。

梯形图如图 5.2.10（a）所示。EM231 的 DIP 开关中 SW1、SW2、SW3 分别设置为"ON""OFF""ON"，设定的量程为单极性 0～10 V，输入数据为 0～32 000，其数据格式参见前文所述。

利用实验板上的电位器可以输入 0～10 V 电压，可以用"图状态"方式观察 VW100 中数据的变化。

［例 5.2.2］从模拟量输出通道 AQW0 输出 10 V 电压，EM232 的输出电压范围是−10～10 V，其数据格式为−32 000～32 000，相应的数据值为−2 000～2 000。

梯形图如图 5.2.10（b）所示。从 M_0 和 V_0 端子之间取输出电压，可以用万用表进行测量。

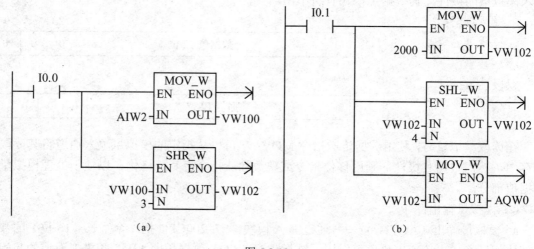

图 5.2.10

5. 实验总结要求

在实验的基础上进一步掌握 PLC 的各种基本指令。

实验 5.3　可编程序控制器的综合实验

实验 5.3.1　三相异步电动机的丫−△起动控制

1. 实验目的

（1）练习设计一个应用 PLC 的机电控制系统。

（2）学会将继电接触器控制电路图改画成使用 STEP 7–Micro/WIN 32 LAD 编辑器进行编程的控制程序梯形图。

（3）学习 PLC 与外部设备的接线。

2. 实验预习要求

（1）读懂图 5.3.1 所示的继电接触器控制电路图。

（2）列出图 5.3.1 中 PLC 所需的外部（输入、输出）元器件表。

（3）根据图 5.3.1 的动作要求及给定的 I/O 分配表设计出控制电路的梯形图。

（4）回答下列问题：

在实际应用中，如果星形联结接触器因故障不能复位，三角形联结接触器又自动接通，就会造成两个接触器同时接通因而引起电源短路。仅在程序上实现"软"互锁能否防止这种现象？如果不能，还应采取哪些措施？

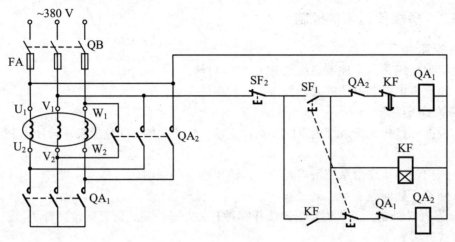

图 5.3.1

3. 实验设备和器材

（1）S 7–200 Micro PLC 控制系统。

（2）开关量控制输入板及被控元器件。

（3）PLC 控制三相异步电动机丫–△起动模型一台（供演示用）。

4. 实验内容及要求

（1）设计由 PLC 控制三相异步电动机起动的丫–△起动控制程序。

① 参考图 5.3.1，画出 PLC 控制程序梯形图。

② PLC 的 I/O 分配：

输入 I	输出 O
I 1.0：起动按钮	Q2.0：星形联结接触器线圈
I 1.1：停止按钮	Q2.1：星形联结指示灯
	Q2.2：三角形联结接触器线圈
	Q2.3：三角形联结指示灯

③ 动作要求：按起动按钮 I 1.0（I1.0 "ON" 一下），星形联结接触器得电（Q2.0 "ON"）；同时星形联结指示灯（Q2.1）按秒脉冲规律闪烁。闪 6 次后二者被关闭（Q2.0、Q2.1 "OFF"），程序自动转换成三角形联结（Q2.2、Q2.3 同时 "ON"）。

按一下停止按钮（I1.1 "ON"），所有输出都能被 "OFF"。转换成三角形联结后，再按起动按钮（I1.0 "ON"）无效。

④ 输入自编程序，上机调试、运行直至符合动作要求。

（2）练习 PLC 与外部负载的接线。

① 仔细观察丫–△启动 PLC 控制系统演示模型，画出整个系统的接线图。

② 将 PLC 与外部设备（输入、输出装置）进行连接。

5. 实验总结要求

(1) 给出实验内容中 PLC 的 I/O 分配表，画出实现图 5.3.1 控制的梯形图。

(2) 整个 PLC 控制系统有几种电源，分别起什么作用？

(3) 画出Y–△起动 PLC 控制系统的接线图。

实验 5.3.2 多级传送带的控制

1. 实验目的

(1) 练习多级传送带控制系统的 PLC 程序设计。

(2) 研究机电控制系统的元器件与控制程序的关系。

2. 实验预习要求

(1) 根据三级传送带系统示意图及动作要求，按给定的 I/O 分配表，设计出 PLC 控制程序梯形图。

(2) 列出三级传送带系统所需元器件，给出必要的说明。

(3) 回答下列问题：

在选择 PLC 外部元器件时，应该选择哪种开关？是按钮式常开或常闭开关，还是扳键可锁定位置式开关？

3. 实验设备和器材

(1) S 7–200 Micro PLC 控制系统。

(2) 开关量输入板。

4. 实验内容及要求

(1) 三级传送带系统组成。图 5.3.2 是一个三级传送带系统示意图。整个系统有 3 台电动机，每台电动机配有一个停止按钮。其中一号传送带的 NO.1 电动机由起动按钮起动。

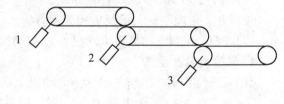

图 5.3.2

(2) PLC 的 I/O 分配。

输入 I	输出 O
起动按钮：I 0.0	电动机 NO.1（一号传送带）：Q 0.0
停止按钮 1：I 0.1	电动机 NO.2（二号传送带）：Q 0.1
停止按钮 2：I 0.2	电动机 NO.3（三号传送带）：Q 0.2
停止按钮 3：I 0.3	

(3) 动作要求。

① 一号传送带 NO.1 起动后 5 s，NO.2 起动；NO.2 起动 4 s 后 NO.3 起动。

② NO.1 停车，3 s 后 NO.2 停车；NO.2 停车 2 s 后 NO.3 停车。

③ NO.2 停车，NO.1 立即停车，5 s 后 NO.3 停车。

④ NO.3 停车，NO.2 与 NO.1 同时停车。

(4) 输入自编程序，修改、调试、运行程序，直至符合动作要求。

5. 实验总结要求

(1) 写出本实验要求的 PLC 的 I/O 分配表，画出三级传送带控制梯形图。

(2) 试说明所编程序与选用按钮类型（常开或常闭）的关系。

实验 5.3.3　运料小车的控制

1. 实验目的

（1）练习将 PLC 用于行程控制的程序设计。

（2）进一步练习将继电接触器控制电路图改画成 PLC 控制程序梯形图。

2. 实验预习要求

（1）复习继电接触器控制电路中有关行程控制的知识。

（2）根据所给的动作要求与两地点行程控制的继电接触器控制电路参考图设计 PLC 控制程序的梯形图。

3. 实验设备和器材

（1）S7–200 Micro PLC 控制系统。

（2）开关量控制输入板。

（3）运料小车行程控制模型一台（供演示用）。

4. 实验内容及要求

（1）系统组成：图 5.3.3 是运料小车行程控制系统示意图。小车由一台三相交流异步电动机拖动，电动机主回路与正反转控制电路原理相同。控制部分由 PLC、接触器、行程开关及按钮等组成。小车向 A 点运动为前进，对应电动机正转；向 B 点运动为后退，对应电动机反转。

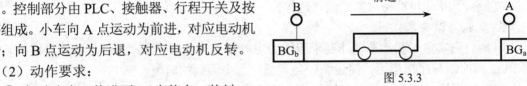

图 5.3.3

（2）动作要求：

① 起动小车，前进至 A 点停车，装料 5 s 后自动向 B 点运行；到达 B 点后停车，卸料 3 s 后小车自动向 A 点前进，开始下一个循环。

3 个上述循环后，小车自动停于 B 点，同时蜂鸣器发出秒脉冲规律信号，10 s 后蜂鸣器停止。

② 小车装、卸料时，均有相应的指示灯显示，装、卸料完毕后指示灯灭。

③ 若遇电源断电致使小车停于途中，再上电时，小车应能继续断电前的动作（选作）。

④ 无论小车运行至什么位置，均能够停车。再起动时，可以向任意方向运行，也能点动向任意方向运行（选作）。

（3）参考电路图：图 5.3.4 是两地点行程控制的继电接触器参考电路图。

此电路没有计数与断电保持功能，蜂鸣器电路亦未画出。以下为图 5.3.4 中各元器件的功能说明。

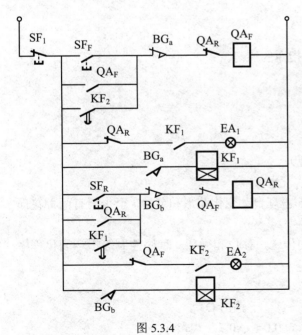

图 5.3.4

SF₁：停止按钮　　　QA_F：前进接触器

SF_F：前进起动按钮　QA_R：后退接触器

SF~R~：后退起动按钮   KF~1~：装料延时继电器

BG~a~：A 点行程开关   KF~2~：卸料延时继电器

BG~b~：B 点行程开关   EA~1~：装料指示灯

                                          EA~2~：卸料指示灯

（4）PLC 的 I/O 分配：

输入 I   输出 O

I 0.1：停止按钮   Q 0.0：QA~F~

I 0.2：前进起动按钮   Q 0.1：EA~1~

I 0.3：后退起动按钮   Q 0.2：QA~R~

I 2.4：A 点行程开关   Q 0.3：EA~2~

I 2.5：B 点行程开关   Q 0.4：F（蜂鸣器）

定时器、计数器的分配自定。

（5）上机调试程序：

① 根据所给定动作要求与继电接触器控制电路参考图画出 PLC 的控制程序梯形图。

② 输入编好的程序，用开关量控制输入板上的开关模拟所有输入信号，运行、调试、修改程序，直至符合动作要求。注意：在运行和调试时要按照动作要求正确操作各开关。

③ 练习 PLC 与被控对象接线（选作）。

5. 实验总结要求

（1）列出实现运料小车动作要求所需的定时器、计数器、点动按钮的器件分配表，并画出 PLC 的控制程序梯形图，简述编程与调试过程中遇到的问题。

（2）如果运料小车由一台三相异步电动机拖动，试画出整个系统（包括 PLC 与输入、输出元器件，三相异步电动机主回路）的电气接线图。

实验 5.3.4 节日彩灯的控制

1. 实验目的

进行综合运用 SIMATIC 基本指令、常用指令的练习。

2. 实验预习要求

复习基本指令。

3. 实验设备和器材

（1）S7–200 Micro PLC 控制系统。

（2）开关量控制输入板及彩灯装置（模型）。

4. 实验内容及要求

（1）设计一个节日彩灯控制程序。要求 16 盏灯自动变化花形和节拍，至少要有两种花形和两种节拍的变化。

（2）画出程序设计框图。充分运用所学的传送、移位和循环、程序控制等指令简化程序设计。

（3）PLC 的 I/O 分配：

输入 I   输出 O

I 1.0：起动按钮   Q 0.0～Q 0.7：八彩灯

I 1.1：停止按钮　　　　　　　　　Q 2.0～Q 2.7：八彩灯

（4）输入编好的 PLC 控制程序梯形图，调试并运行之，使其符合设计要求。

5．实验总结要求

（1）画出实现节日彩灯控制的程序设计框图和梯形图。

（2）查看一下编好的程序一共使用了多少种基本指令和常用指令。与其他同学的程序比较一下，看看谁的程序更简单，变化内容更丰富。

实验 5.3.5　交通信号灯的控制

1．实验目的

进行综合运用 SIMATIC 基本指令、常用指令的练习。

2．实验设备和器材

（1）S7–200 Micro PLC 控制系统。

（2）开关量控制输入板及交通灯装置（模型）。

3．实验内容及要求

（1）参考图 5.3.5，设计一个"十"字路口交通灯自动控制程序。

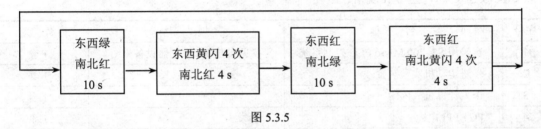

图 5.3.5

（2）画出程序设计框图。

（3）进行 PLC 的 I/O 分配，并参考图 5.3.6 画出硬件连线图。

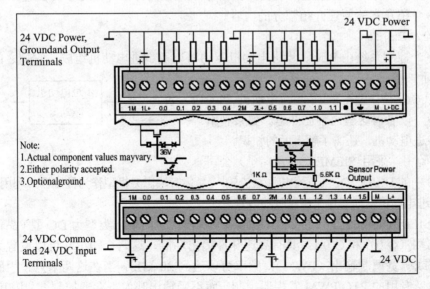

图 5.3.6

（4）输入编好的 PLC 控制程序梯形图，调试并运行之，使其符合设计要求。

4．实验总结要求

（1）画出实现十字路口交通灯控制的程序设计框图和梯形图。

（2）画出实现十字路口交通灯控制的硬件连线图。

实验 5.4　可编程序控制器控制步进电动机

1．实验目的

（1）综合应用 PLC 与步进电动机的知识。

（2）学习设计一个简单的机电控制系统，包括控制程序设计和控制系统的连接线路设计。

2．实验预习要求

（1）复习有关两相混合式步进电动机的知识。

（2）预习本实验中涉及的 PLC 的脉冲输出等相关指令。

3．实验仪器和设备

（1）设备名称、型号和规格：

序　号	名　　　　称	规　　　格	数　量
1	实验用 S7–200 Micro PLC 控制系统	参见实验 5.2 中仪器设备介绍	1 套
2	步进电动机实验装置	—	1 套
3	个人计算机（PC）	—	1 台
4	PC / PPI 电缆	—	1 条
5	PLC 开关量控制输入板	—	1 块

（2）主要设备介绍：步进电动机及其驱动器、PLC 的详细介绍可参阅实验 4.3 和实验 5.2 的实验设备介绍及实验原理介绍部分的内容。

4．实验原理介绍

（1）整个控制系统由 PLC、步进电动机驱动器以及步进电动机组成，它们之间的关系如图 5.4.1 所示。

在本实验之前，已经完成了步进电动机、PLC 的基本实验，读者对这些内容已熟悉。如果利用 PLC 控制步进电动机，还需了解下面的知识。

PLC → 步进电动机驱动器 → 步进电动机

图 5.4.1

在本实验中，采用 SIEMENS（西门子）公司 S7–224 PLC 中的 DC/DC/DC（直流电源/直流输入/晶体管输出）机型作为控制器，利用脉冲输出指令可以向步进电动机驱动器输出控制脉冲信号。

对于 SIEMENS 200 系列的 CPU，如果 CPU 模块上的输出类型为 DC 型（晶体管输出），有两个输出端（Q 0.0 和 Q 0.1）具有高速脉冲输出功能，这两个输出端可以设置为脉冲串输出（PTO）或脉宽调制输出（PWM），频率可以达到 20 kHz。当在这两个点使用脉冲输出功能时，它们受专用的 PTO/PWM 发生器控制，而不受输出映像寄存器控制。利用其 PTO 功能可以比较方便地实现对步进电动机的控制。

PTO 功能提供方波（50%占空比）输出，由用户控制周期和脉冲个数。PWM 功能提供连续、可变占空比的脉冲输出，由用户控制周期和脉冲宽度。

PTO 操作有两种方式，即单段 PTO 操作和多段 PTO 操作。对于单段 PTO 操作，每执行一次 PLS 指令，输出一串脉冲。如果想再输出一串脉冲，需要重新设定相关的特殊存储器，并再执行 PLS 指令。在进行多段 PTO 操作时，执行一次 PLS 指令，可以输出多段脉冲。多段 PTO 操作有着广泛的应用，尤其在步进电动机控制中。

步进电动机的最高起动频率一般比最高运行频率低许多，如果直接按最高运行频率起动，步进电动机将产生丢步或根本不运行的情况。而对于正在快速运行的步进电动机，若在到达终点附近时，停发脉冲，令其立即锁定，较难实现，由于旋转系统的惯性，会发生冲过终点的现象。因此，在控制过程中，运行速度要有一个加速—恒速—减速的过程。利用 SIEMENS 公司的 S7-22X 系列 PLC 的高速脉冲输出功能中的多段 PTO 操作，可以方便地实现对步进电动机运转的加速—恒速—减速的控制过程。

脉冲输出指令的详细介绍和操作练习参见 SIEMENS S7-22X 系列的 SIMATIC 基本指令练习部分的内容。

（2）SIEMENS S7-200 系列 PLC 与 SH-20402A 型步进电动机驱动器连接。

当 PLC 作为控制器与步进电动机驱动器连接时，需要考虑控制信号的匹配问题，即控制器输出信号的电流流向与步进电动机驱动器的输入信号的电流流向应匹配，否则系统不能正常工作。

当采用 SIEMENS S7-200 系列 PLC 中的 DC 型输出（晶体管输出）时，各组输出点是共阳极连接，各输出点输出电流；而本系统中采用的 SH-20402A 型步进电动机驱动器的各个输入点（脉冲信号、方向信号和脱机信号）也为共阳极连接，各输入点要求输出电流（低电平有效）。这样，在 PLC 和步进电动机驱动器之间需要设计接口电路，当 PLC 外部负载电源的电压为 24 V 时，需要在各输入端外加 2 kΩ 限流电阻，才能进行连接，如图 5.4.2 所示。

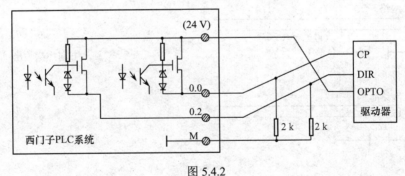

图 5.4.2

5. 实验内容及要求

（1）应用 PLC 的 SIMATIC 基本指令中的脉冲输出指令（详见 SIMATIC 基本指令部分的脉冲输出指令的介绍）的脉冲串输出（PTO）功能（进行单段 PTO 操作），编制和输入一段 PLC 控制步进电动机进行单速运行，并能进行转向和脱机控制的程序（见参考程序（图 5.4.3））。

I/O 分配：

I 2.4 起动按钮　　I 2.5 脱机控制按钮

Q 0.0 脉冲输出　　Q 0.2 旋转方向控制输出　　Q 0.3 脱机控制输出

参考程序梯形图：

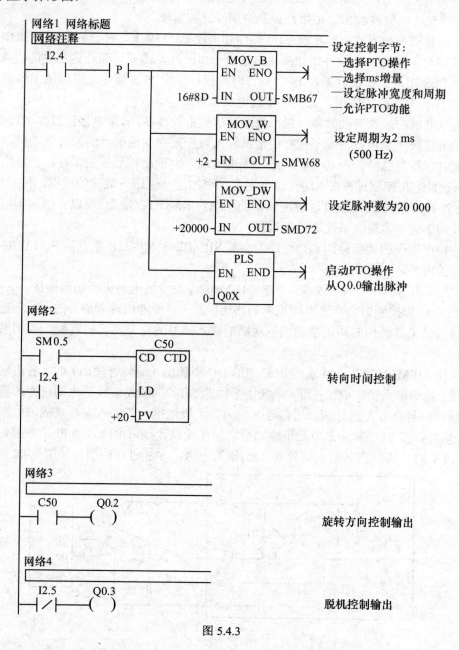

图 5.4.3

（2）按照图 5.4.4 所示连接整个 PLC 和步进电动机组成的控制系统。

（3）经教师检查接线正确后通电运行。

◇ 运行前，先将步进电动机实验装置的 CP、DIR、FREE（3 个输入信号的作用参见实验 4.3）开关置于接通状态（向右扳）。

◇ 运行 PLC 程序，按一下 I 2.4，步进电动机以 500 Hz 频率逆时针运转，20 s 后自动反转进行顺时针运转，再 20 s 后停止运转；其间可以随时利用 I 2.5 按钮对步进电动机进行脱机操作（点动）；因为步进电动机驱动器的 3 个输入端均为低电平有效，故 Q 0.3 低电平时 FREE

命令有效。

◇　程序运行成功后，改变脉冲周期、脉冲个数及正反转控制规律再编一段 PLC 控制步进电动机进行单速运转的程序，并运行之。

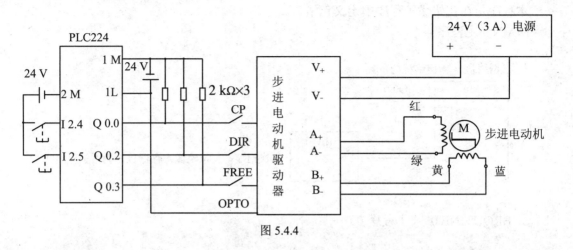

图 5.4.4

（4）应用 SIMATIC 脉冲输出指令的多段 PTO 操作，编制或输入一段 PLC 控制步进电动机进行变速运行的程序。要求步进电动机在运行中，能够实现下述变速过程：

低速起动—加速—恒速运行—减速—低速停止

如图 5.4.5 所示，步进电动机运行的包络曲线显示出步进电动机运行分为 3 段：加速、恒速运行、减速；每段运行的时间由各段的脉冲数和脉冲周期决定。

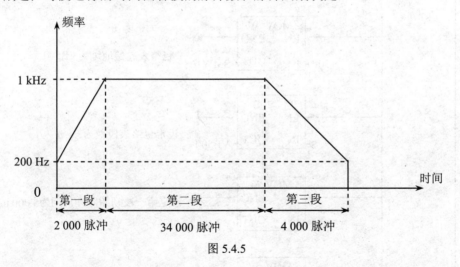

图 5.4.5

步进电动机以 200 Hz 频率（周期 5 000 μs）起动并同时开始加速，周期以每步−2 μs 增量运行 2 000 步，其运行频率达到 1 kHz（周期 1 000 μs）之后，恒速运行 34 000 步（其间每步周期增量为 0）；然后开始减速，周期以每步 1 μs 的增量运行 4 000 步，运行频率降至 200 Hz（周期 5 000 μs）时，停止运转。

在进行多段 PTO 操作编程时，需将步进电动机运行的包络线在程序的包络表中进行定义，这可以在初始化子程序中进行，也可以在初始化子程序中设定包络表的初始地址，然后在数据块中定义具体参数。包络表中的内容包括：包络表的起始地址、包络表的段数，各段脉冲的周期、脉冲数和周期增量。

参考程序之一：

本程序是在初始化子程序中定义包络表。

MAIN（主程序）

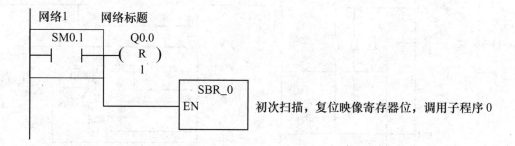

SUBROUTINE 0 （子程序 0）

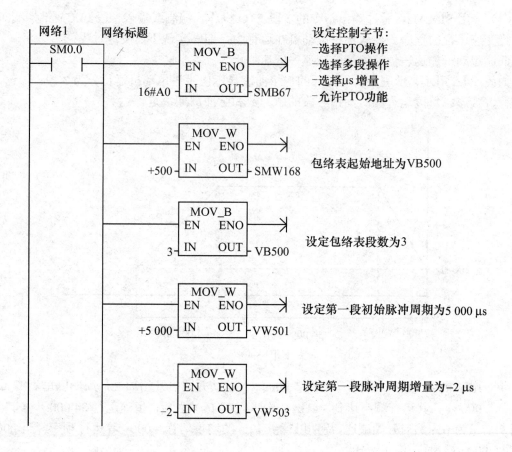

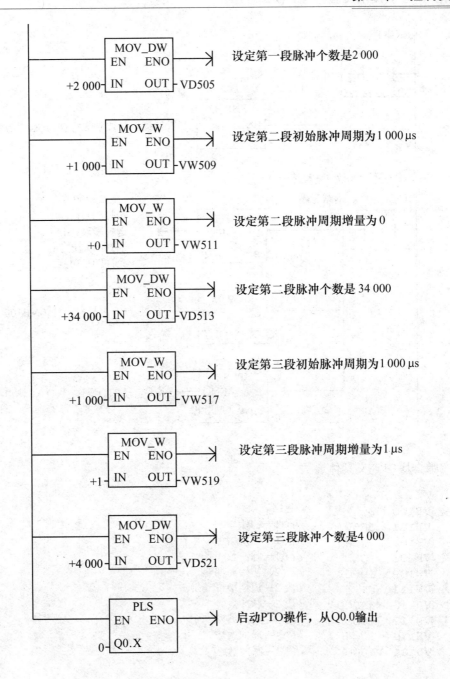

参考程序之二：

本程序在初始化子程序中设定包络表的初始地址，然后在数据块中定义具体参数。

MAIN（主程序）

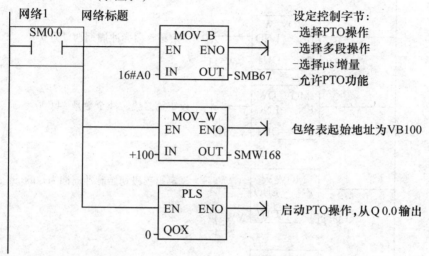

SUBROUTINE 0 (子程序0)

数据块中定义具体参数

```
//
VB100   3        //包络表段数 3
VW101   5000     //段 1—初始周期
VW103   -2       //段 1—周期增量
VD105   2000     //段 1—脉冲数
VW109   1000     //段 2—初始周期
VW111   0        //段 2—周期增量
VD113   34000    //段 2—脉冲数
VW117   1000     //段 3—初始周期
VW119   1        //段 3—周期增量
VD121   4000     //段 3—脉冲数
```

用两种方法编写的 PLC 控制步进电动机进行多段转速运行程序，除了包络表的起始地址不一样，段数和其他各参数的设定均相同，运行规律都遵循了图 5.4.5 所示的包络曲线。

（5）将两个程序分别输入 PLC，观察运行效果。

（6）用在初始化子程序中定义包络表的方法，将下述一组替换参数依次分别替换上述参考程序一的各参数，输入并运行之，观察步进电动机运行效果有何不同。

◇ 替换参数：仍进行 3 段转速运行，初始地址仍为 VB500，其余各参数依次为：
2 000 μs、−1、1 800 脉冲、200 μs、0 μs、34 000 脉冲、200 μs、2 μs、2 000 脉冲。

◇ 运行前检查步进电动机实验装置上的 3 个开关状态：CP、DIR 开关应处于接通状态（右扳），而 FREE 开关则应处于断开状态（向左扳），因为在参考程序一和二中都没有关于 FREE 信号的指令。

◇ 使用 STEP 7–Micro/WIN32 窗口组件中的程序运行按钮启动控制程序，程序运行完毕后按窗口中停止按钮（否则程序无法再次启动）。

◇ 实验结束后应切断步进电动机实验装置的交流电源。

6. 实验总结要求

（1）PLC 控制步进电动机的系统连线图（图 5.4.4）中出现的 3 处 DC 24 V 电源有何不同？图中的 2 kΩ 电阻若被短路，会出现什么后果？

（2）用 PLC 控制步进电动机时，如何实现步进电动机转速的连续变化？

实验 5.5　变频调速器的认识实验

1. 实验目的

（1）了解异步电动机的变频调速原理和变频调速器的运行功能及保护功能。

（2）熟悉变频调速器的指令功能、参数设定和外部控制接线方法。

（3）学习利用变频调速器控制异步电动机的运行状态。

2. 实验预习要求

（1）阅读"变频调速器简介"部分，了解变频调速器的基础知识。

（2）复习三相交流异步电动机的接线方式。

（3）了解变频调速器的功能、接线和使用方法。

3. 实验设备和装置

（1）设备名称、型号和规格。

序号	名　称	型　号	规　格	数　量
1	实验用变频调速器	三菱 FR–E504 0.75K–CH	额定容量 0.75 kW	1 台
2	三相异步电动机	AO26324 型	180 W，220/380 V，1 400 r/min	1 台
3	外部控制装置	—		1 套

（2）主要设备介绍。

① 变频调速器：本实验所用的变频调速器有两种电源形式，一种接三相交流电，另一种接单相交流电。其接线方式分别如图 5.5.1、图 5.5.2 所示。U、V、W 为变频调速器输出，接三相笼型异步电动机，L_1、L_2、L_3、N 为电源输入端，接外部电源。

② 外部控制装置：用于控制三相异步电动机的正、反转，多段速度选择，输出停止，故障复位，频率设定电位器，指示灯等，如图 5.5.3 所示。外部控制装置说明如表 5.5.1 所示。

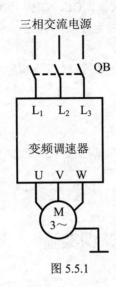

图 5.5.1

图 5.5.2

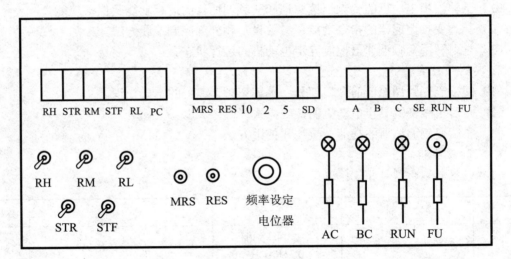

图 5.5.3

表 5.5.1

信号类型	控制装置上的符号	控制装置上符号的意义
输 出 信 号	AC、BC	AC：报警时指示灯（红）亮 BC：状态正常时指示灯（绿）亮
	RUN	变频器正在运行（黄灯亮）
	FU	频率检测
	SE	集电极开路输出公共端
	AM	模拟信号输出

信号类型	控制装置上的符号	控制装置上符号的意义
输入信号	STF	正转起动
	STR	反转起动
	RH、RM、RL	多段速度选择
	MRS	输出停止（输出暂停）
	RES	复位
	SD	公共输入端
	PC	电源输出和外部晶体管公共端

③ 变频器的操作面板：FR–E504 变频调速器的操作面板如图 5.5.4 所示。其中图（a）为变频调速器的外部操作面板，图（b）为变频调速器的内部操作面板。外部操作面板只能进行正转运行与停止操作，内部操作面板用于正、反转运行和停止以及操作模式的改变和参数的设定。面板上按键的功能如表 5.5.2 所示。运行状态表示如表 5.5.3 所示。

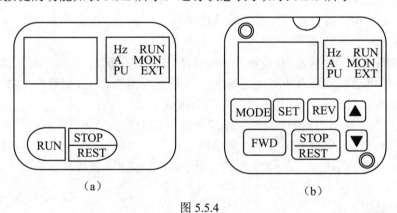

图 5.5.4

表 5.5.2

按键名称	说　明
RUN 键	正转运行指令键
MODE 键	可用于选择操作模式或设定模式
SET 键	用于频率和参数的设定
▲/▼键	用于连续增加或降低频率，按下该键可改变频率；在设定模式中按下此键，则可连续设定参数
FWD 键	用于给出正转指令
REV 键	用于给出反转指令
STOP/RESET	用于停止运行

表 5.5.3

模式显示	说　明	模式显示	说　明
Hz	频率显示	MON	监视模式显示
A	电流显示	PU	PU 操作模式显示
RUN	变频调速器运行显示；正转时不变化，反转时闪烁	EXT	外部操作模式显示

4. 变频调速器简介

（1）变频调速器概述：变频调速器是利用交流电动机的同步转速随电动机定子电压频率变化而变化的特性，实现电动机调速运行的装置。

根据异步电动机的转速关系 $n = 60 f_1 (1-s) /p$，当极对数 p 不变时，电动机转子的转速 n 与定子电源频率 f_1 成正比，因此连续地改变供电电源的频率，就可以实现连续平滑地调节电动机的转速，这种调速方法称为变频调速。它完全不同于传统的异步电动机调速方法，如变极调速、定子调压调速、转子串电阻调速和电磁转差离合器调速。变频调速具有较好的调速性能，是现代交流调速方法中具有重要意义的一种调速方法。

本实验所用变频调速器是应用最为广泛的 V / f_1 控制的 PWM 电压型交–直–交变频器。

（2）变频调速器的功能：

① 变频调速器可以根据需要设置 0～400 Hz（适用于变频电动机）的工作频率，但本实验使用的是普通电动机，所以变频调速器的工作频率范围为 0～50 Hz；

② 变频调速器可以按一定方式加速起动和减速制动；

③ 根据工作要求，可以给变频调速器预先设定多个工作频率，并由相应的外部控制信号来切换，这样就可以实现对不同转速的顺序控制；

④ 变频调速器具有过电流保护、过载保护、过电压保护、欠电压保护、过热保护等功能。变频器还有其他控制功能，具体可查阅相关手册。

5. 实验内容及要求

本实验的内容包括用变频调速器操作面板来控制电动机正、反转，频率设定及用外部控制装置来控制电动机的正、反转，多段速度选择，故障复位和频率输出检测，频率上下限设定，直流制动，寸动运转等功能。

在使用变频调速器前，控制装置的各开关均应置于断开（开关向下）位置，频率设定电位器应逆时针旋到最小。

（1）变频调速器的模式设定：由变频调速器的内部操作面板上可以看到监视模式、频率设定模式、参数设定模式（Pr）、内部操作模式（PU）、外部操作模式（OP.Πd）、帮助模式（HELP）五种监视显示模式，每种模式通过按 MODE 键进行转换。依次按 MODE 键时，面板上会循环出现：

监视模式　　　0.00　Hz MON PU

频率设定模式　0.00　Hz PU

及 Pr 参数设定模式、PU 内部操作模式。如果此时显示：

 则为外部操作模式。

变频器有 4 种操作模式：PU 内部操作模式（即面板操作模式）、外部操作模式（EXT）；外部/PU 组合操作模式 1、外部/PU 组合操作模式 2。每种操作模式可以由更改 P.79 的值来设定，即

P.79=1　面板操作模式（PU 内部操作模式）

P.79=2　外部操作模式 EXT

P.79=3　外部/PU 组合操作模式 1

P.79=4　外部/PU 组合操作模式 2

如将 P.79 操作模式选择由"2"（外部操作模式 EXT）变更为"1"（面板操作模式 PU），则具体操作如下。

● 先按 MODE 键切换到 Pr 参数设定模式，显示 Pr；

● 按"SET"键，此时最高位 0 闪烁，再按"SET"键使中间位闪烁，用"▲/▼"增减到 7；

● 再按"SET"键变换到最低位 0 闪烁，用"▲/▼"增减到 9，此时再按"SET"键，显示原来的数 2，由"▼"键变更为 1，按"SET"键 1.5 s，变频调速器的面板上交替显示"P.79"和"1"闪烁，此刻 P.79 = 2 即更改为 1，由 EXT 外部操作模式变为 PU 内部操作模式。

（2）由变频器 PU 内部操作模式实现电动机的正、反转。

设定 P.79 = 1 为变频器的 PU 内部操作模式。设定好后，PU 指示灯亮。

① 频率设定：如设定 50 Hz，必须在 PU 内部操作模式下才能进行，不能在 EXT 外部操作模式下进行。具体操作如下：

● 按"MODE"键选择频率设定模式，再由"▲/▼"改变所要设置频率值 50 Hz；

● 按"SET"键写入，此时交替闪烁"F"和"50"，表示 50 Hz 频率设定好。

② 正、反转运行：频率设定后，在变频调速器的操作面板上实现正、反转运行。按变频调速器操作面板上绿色键"REV"实现电动机正转，或按"FWD"键实现电动机反转，按红色键"STOP/RESET"来控制停止和复位。

同时可以在变频调速器的操作面板上观察运行时的频率、电流及转数的数值，用"SET"键来切换。（电流很小时显示为"0"A）

（3）外部操作模式。

① 由 EXT 外部操作模式实现异步电动机的正、反转。

● 设定 P.79 = 2（EXT 外部操作模式），操作模式设定方法同（1），设定好后显示"EXT"；

● 用"MODE"键选择监控模式，用"SET"键切换观察频率和转速；

● 接通外部控制信号"STF"（正转起动）开关，顺时针方向调节调频电位器，观察起动情况，记录电位器零位及最大输出位置时变频调速器操作面板所显示的输出频率；

● 断开"STF"开关使异步电动机停转，然后合上"STR"（反转）开关，观察异步电动机是否反转；

● 再断开开关使异步电动机停转。此外按下"MRS"（输出停止）按钮时，可以观察到异步电动机会暂停。

② 多挡速度设定。通过变频调速器可以设置不同的运行速度，运行速度由不同的频率来

决定，频率参数的设定可以在 PU 内部操作模式下或 EXT 外部操作模式下进行。按（2）介绍的方法进行参数设置。

如设定：1 速 P.4=45 Hz（高速）

　　　　2 速 P.5=25 Hz（中速）

　　　　3 速 P.6=15 Hz（低速）

设定好后，再改回 EXT 外部操作模式 P.79=2，分别在以下 3 种情况下起动异步电动机：

1 速——合 RH、STR（或 STF）开关

2 速——合 RM、STR（或 STF）开关

3 速——合 RL、STR（或 STF）开关

观察并记录输出频率及异步电动机转速（按变频调速器操作面板上 SET 键进行切换，监视频率和转数）。

还可以设定：4 速 P.24=10 Hz

　　　　　　5 速 P.25=20 Hz

　　　　　　6 速 P.26=40 Hz

　　　　　　7 速 P.27=50 Hz

分别在以下 4 种情况下起动异步电动机：

　　　　4 速——合 RL、RM、STR（或 STF）开关

　　　　5 速——合 RL、RH、STR（或 STF）开关

　　　　6 速——合 RM、RH、STR（或 STF）开关

　　　　7 速——合 RL、RM、RH、STR（或 STF）开关

③ 频率上下限的设定。

设定：P.1（上限频率）=40 Hz

　　　P.2（下限频率）=20 Hz

在 EXT 外部操作模式下起动异步电动机，并调节电位器，即改变输出频率，观察输出频率调节范围是否与设定值一致。异步电动机停转后，再把参数改回到原来的数值 P.1 = 50 Hz、P.2 = 0 Hz。

（4）频率输出的检测。

设定：P.42 = 30 Hz（当正转输出频率超出设定值时，FU 有输出，蜂鸣器报警）

　　　P.43 = 15 Hz（当反转输出频率超出设定值时，FU 有输出，蜂鸣器报警）

用面板操作：按"REV"或"FWD"键，观察报警时频率显示与所设定值是否符合。

用外部控制装置操作时，应注意更改参数，使其必须在 PU（即 P.079 = 1）内部操作模式下进行。更改完参数后，再将 P.79 = 1 改回 P.79 = 2 的 EXT 外部操作模式下，按 STR 或 STF 键进行外部正、反转操作。同时也要观察报警时频率显示与设定值是否一致。

操作完成后把设定值改回到 P.42 = 50 Hz、P.43 = 50 Hz，保证异步电动机正、反转运行的频率不超过规定的 55 Hz 最高频率，否则蜂鸣器报警提示。

（5）直流制动。

设定：P.10 = 10 Hz（直流制动开始频率）

　　　P.11 = 2 s（直流制动时间）

运行（EXT 外部操作模式或 PU 内部操作模式都可以）并停止，观察制动情况：是否从

所设定的频率开始制动。

注意：所设定的直流制动开始频率不应太高，不要超过 **20 Hz**，否则异步电动机的转轴易损坏。完成此项后应改回到出厂值 P.10 = 3 Hz。

（6）寸动运转。寸动也叫点动，就是每操作一次就起动、停止一次，体现了短步距移动位置的功能。

点动运行时，通过变频调速器的操作面板选择点动模式，设定 P.79=0。

点动运行频率和加减速时间的设定：P.15 = 5 Hz（点动频率）

P.16 = 0.5 s（点动加、减速时间）

注意：此时设定的点动频率 **P.15=5 Hz** 一定大于起动频率 **P.13 = 2 Hz**，否则异步电动机不转。

设定好参数后，按"MODE"键，则操作面板显示 JOG，若操作面板上显示 OP.Πd 时可用"▲/▼"键切换到"JOG"状态。此时用变频调速器操作面板的"FWD""REV"键进行点动操作。

6. 实验总结要求

通过实验浅谈对变频调速器的认识。

附　　录

附录 A　电工测量仪表的误差及准确度

用电工测量仪表测量电路中各个物理量时，应正确选用仪表量程。下面对电工测量中的准确度作一简单介绍。

准确度是电工测量仪表的主要特性之一。仪表的准确度与其误差有关。不管仪表制造得如何精确，仪表的读数和被测量的实际值之间总是有误差的。

电工测量仪表的测量误差有以下两类。一是基本误差，即由于仪表本身结构或制造的不精确产生的误差。如机械式仪表刻度的不准确、弹簧的永久变形、轴和轴承之间的摩擦、零件位置安装不正确；电子线路的数字式仪表内部的元器件精度、调试精度不高等；二是附加误差，即由于外界因素对仪表读数的影响所产生的误差。例如，没有在正常的工作条件下进行测量（正常工作条件是指仪表的摆放位置正常，周围温度为 20℃，无外界电场和磁场的影响，如果是用于工频的仪表，则电源应该是频率为 50 Hz 的正弦波），测量方法不完善，读数不准确等。

指针式电工测量仪表的准确度是根据仪表的相对额定误差来分级的。所谓相对额定误差，就是指仪表在正常工作条件下进行测量可能产生的最大基本误差 ΔA 与仪表的最大量程（满标值）A_m 之比，如以百分数表示，则为

$$\gamma = \frac{\Delta A}{A_m} \times 100\%$$

我国指针式电工测量仪表按准确度分为 0.1、0.2、0.5、1.0、1.5、2.5 和 5.0 七级。这些数字就是表示仪表的相对额定误差的百分数。

例如，有一准确度为 2.5 级的伏特计，其最大量程为 50 V，则可能产生的最大基本误差为

$$\Delta U = \gamma \times U_m = \pm 2.5\% \times 50V = \pm 1.25V$$

在正常工作条件下，可以认为最大基本误差是不变的，所以被测量值较满标值越小，则相对测量误差就越大。例如用上述伏特计来测量实际值为 10 V 的电压时，则相对测量误差为

$$\gamma_{10} = \frac{\pm 1.25}{10} \times 100\% = \pm 12.5\%$$

而用它来测量实际值为 40 V 的电压时，则相对测量误差为

$$\gamma_{40} = \frac{\pm 1.25}{40} \times 100\% = \pm 3.1\%$$

因此，在选用仪表的量程时，应使被测量的值越接近满标值越好。一般应使被测量的值超过仪表满标值的一半以上。

准确度等级较高（0.1、0.2、0.5 级）的仪表常用来进行精密测量或校正其他仪表。

目前数字式仪表被越来越广泛地用于电工测量中，其准确度取决于它的显示位数，被测量的类型、大小以及所选择的量程等因素。准确度的一般计算公式为 ±（α%×读数 + n 位数字）。

以 UT51 型数字式万用表为例：直流电压 200 mV～200 V 挡的准确度为±（0.5%×读数+1 字）；交流电压 2～200 V 挡的准确度为±（0.8%×读数 + 3 字）；电阻 20 MΩ挡的准确度为±（1%×读数 + 2 字）等。

附录 B　电阻器的标称值系列

电阻器在电路中的作用是控制电压、电流的大小，并能与其他元件配合使用，组成各种不同功能的电路。电阻器用字母 R 表示。

1. 电阻器的分类

电阻器按是否可调分类：可分为固定电阻器和可变式电阻器（又称电位器）。

电阻器按制作的材料分类：可分为碳膜电阻器、金属膜电阻器、绕线电阻器及各种敏感电阻器，如光敏电阻器、热敏电阻器等。

电阻器按用途分类：可分为普通电阻器、精密电阻器、高频电阻器、高阻值电阻器及高压电阻器等。

2. 电阻器的主要指标

电阻器的主要指标有标称阻值、允许偏差和额定功率等。

（1）电阻器标称阻值的色环标志法：电阻器标称阻值的具体标志方法有直标法和色环标志法。直标法是将电阻器标称阻值直接标示在电阻器表面；色环标志法是利用 4 ～ 5 个色环标示在电阻器表面，表示电阻器的标称阻值及偏差。电阻器的色环标志法如附表 B.1 所示。

附表 B.1　电阻器的色环标志法

色环颜色	第一环 第一位数	第二环 第二位数	第三环 倍　率	第四环 允许偏差 / %
黑	0	0	10^0	—
棕	1	1	10^1	± 1
红	2	2	10^2	± 2
橙	3	3	10^3	—
黄	4	4	10^4	—
绿	5	5	10^5	± 0.5
蓝	6	6	10^6	± 0.2
紫	7	7	10^7	± 0.1
灰	8	8	10^8	—
白	9	9	10^9	—
金	—	—	10^{-1}	± 5
银	—	—	10^{-2}	± 10
无　色	—	—	—	± 20

（2）普通电阻器的标称阻值系列：电阻器的标称阻值是标在电阻器表面上的阻值。标称阻值与实际阻值之间有一定偏差。普通电阻器的偏差一般分为 3 级，用Ⅰ、Ⅱ、Ⅲ表示；或用百分数表示，即 ±5%、±10%、±20%。普通电阻器的标称阻值应符合附表 B.2 所列数值之一或表列数值乘以 10^n（n 为整数）。

附表 B.2　普通电阻器的标称阻值系列

E24 系列 允许偏差 ±5%	1.0	1.1	1.2	1.3	1.5	1.6	1.8	2.0	2.2	2.4	2.7	3.0
	3.3	3.6	3.9	4.3	4.7	5.1	5.6	6.2	6.8	7.5	8.2	9.1
E12 系列 允许偏差 ±10%	1.0	1.2	1.5	1.8	2.2	2.7	3.3	3.9	4.7	5.6	6.8	8.2
E6 系列 允许偏差 ±20%	1.0		1.5		2.2		3.3		4.7		6.8	

（3）电阻器的额定功率系列：电阻器的额定功率，是指电阻器在交流或直流电路中长期连续工作所允许消耗的最大功率。电阻器的额定功率系列如附表 B.3 所示。

附表 B.3　电阻器的额定功率系列　　　　　　　　　　　　　W

线绕电阻器	0.05	0.125	0.25	0.5	1	2	4	10	16	25	40	50	75	100	150	250	500
非线绕电阻器	0.05	0.125	0.25	0.5	1	2	5	10		25		50		100			

附录 C　电容器的主要指标及标注

电容器具有隔直流，通交流，存储电能等作用，因此在电路中广泛用于隔直流、旁路、能量转换等方面，并能与其他元件配合组成各种功能的电路。电容器用字母符号 C 表示。

1. 电容器的分类

电容器按电容量是否可调：可分为固定电容器、可变电容器、微调电容器等。

电容器按绝缘介质：可分为纸介电容器、瓷介电容器、云母电容器、塑料薄膜电容器和电解电容器等。

2. 电容器的主要指标

（1）电容器标称容量和偏差：电容器标称容量是标在电容器表面上的电容量数值。标称容量与实际容量之间有一定偏差。该偏差一般分为 3 级，用Ⅰ、Ⅱ、Ⅲ表示；或用百分数表示，即±5%、±10%、±20%。

（2）额定直流工作电压：电容器的额定直流工作电压，也叫耐压，表示电容器接入电路后，在长期连续可靠工作的前提下，所能承受的最高直流工作电压，使用时不允许超过这个电压值。

（3）绝缘电阻：电容器的绝缘电阻是指两极板间的绝缘介质电阻，又叫漏电阻。电容器在一定电压作用下，会有微弱电流流过介质，造成电能的损耗。绝缘电阻越小，漏电流越大，电能损耗越多，因此不能选用漏电流太大的电容器。

3. 电容器容量的标注方法

电容器容量的标注方法分为直标法和文字符号法两种。

（1）直标法：

◆ 若数字是不带小数点的整数，此时容量单位为 pF，如 6 800 = 6 800 pF。

◆ 若数字带小数点，此时容量单位为 μF，如 0.047 = 0.047 μF。

◆ 用数码表示。电容量的大小用三位数码表示，单位是 pF。第一、第二位数字为标称容量的有效数字，第三位数字代表有效数字后面 0 的个数，如 103 = 10 000 pF = 0.01 μF。

（2）文字符号法：

◆ 数字表示有效值，字母表示数值量级。

其中：μ 表示 μF（10^{-6} F）；n 表示 nF（10^{-9} F）；p 表示 pF（10^{-12} F）。

◆ 字母表示小数点：如 3 μ3 表示为 3.3 μF。

◆ 数字前面加字母 R：以 R 表示小数点，如 R33 表示为 0.33 μF。

附录 D　集成芯片外引线排列图

在 DCL-I 电子技术实验箱上已安装了一些实验中用到的集成芯片。各集成芯片引脚序号的排列方法是：由集成芯片结构特征（凹口、标记等）左下角起按逆时针方向，依次为 1，2，3，…

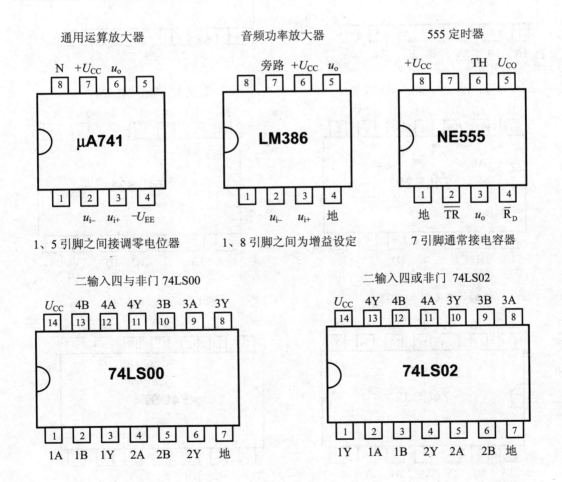

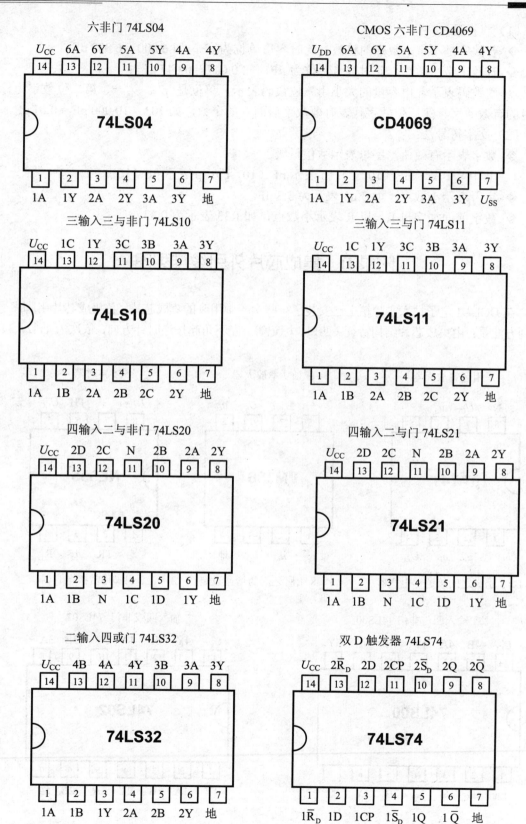

六非门 74LS04

三输入三与非门 74LS10

四输入二与非门 74LS20

二输入四或门 74LS32

CMOS 六非门 CD4069

三输入三与门 74LS11

四输入二与门 74LS21

双 D 触发器 74LS74

四非门（三态）74LS81

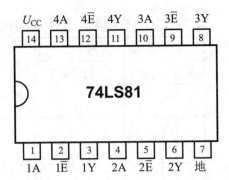

二输入四异或门 74LS86

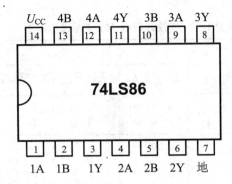

双 JK 触发器 74LS112

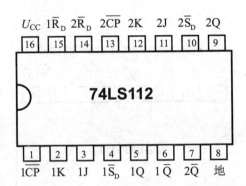

4 总线缓冲器 74LS125（三态）

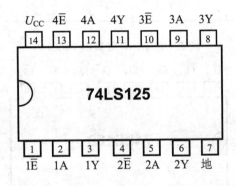

74LS125　4 总线缓冲器（三态）功能

功能：　　1$\overline{E}$=0 时，1Y=1 A；　　2$\overline{E}$=0 时，2Y=2 A

　　　　　3$\overline{E}$=0 时，3Y=3 A；　　4$\overline{E}$=0 时，4Y=4 A

当 1$\overline{E}$、2$\overline{E}$、3$\overline{E}$、4$\overline{E}$ 为高电平时，输出为高阻状态。

3–8 线译码器 74LS138

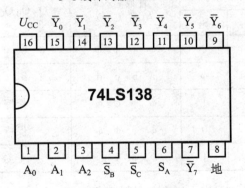

双 2–4 线译码器 74LS139

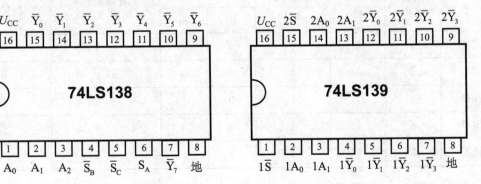

附表 D.1　3－8 线译码器 74138 逻辑功能表

输　　入						输　　出							
S_A	$\overline{S_B}$	$\overline{S_C}$	A_2	A_1	A_0	$\overline{Y_0}$	$\overline{Y_1}$	$\overline{Y_2}$	$\overline{Y_3}$	$\overline{Y_4}$	$\overline{Y_5}$	$\overline{Y_6}$	$\overline{Y_7}$
0	Φ	Φ	Φ	Φ	Φ	1	1	1	1	1	1	1	1
Φ	1	1	Φ	Φ	Φ	1	1	1	1	1	1	1	1
1	0	0	0	0	0	0	1	1	1	1	1	1	1
			0	0	1	1	0	1	1	1	1	1	1
			0	1	0	1	1	0	1	1	1	1	1
			0	1	1	1	1	1	0	1	1	1	1
			1	0	0	1	1	1	1	0	1	1	1
			1	0	1	1	1	1	1	1	0	1	1
			1	1	0	1	1	1	1	1	1	0	1
			1	1	1	1	1	1	1	1	1	1	0

附表 D.2　2-4 线译码器 74139 逻辑功能表

输　入			输　出				功能
$\overline{S}$	A_1	A_0	$\overline{Y_0}$	$\overline{Y_1}$	$\overline{Y_2}$	$\overline{Y_3}$	
1	Φ	Φ	1	1	1	1	禁止译码
0	0	0	0	1	1	1	进行译码
	0	1	1	0	1	1	
	1	0	1	1	0	1	
	1	1	1	1	1	0	

同步十进制加法计数器 74LS160

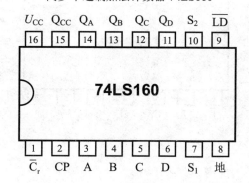

同步二进制加法计数器 74LS161

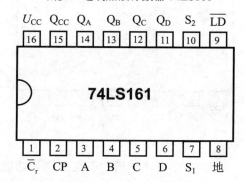

附表 D.3　同步十进制加法计数器 74LS160 功能表

功能	输　　入								输　　出
	时钟 CP	清零 $\overline{C_r}$	置数控制 $\overline{LD}$	控制信号		置数输入			Q_A Q_B Q_C Q_D
				S_1	S_2	A	B	C D	
清零	Φ	0	Φ	Φ	Φ	Φ	Φ	Φ Φ	0　0　0　0
置数	↑	1	0	Φ	Φ	a	b	c d	a　b　c　d
保持	Φ	1	1	0	1	Φ	Φ	Φ Φ	保持
保持	Φ	1	1	Φ	0	Φ	Φ	Φ Φ	保持
计数	↑	1	1	1	1	Φ	Φ	Φ Φ	计数

同步二进制加法计数器 74LS161 的功能表与同步十进制加法计数器 74LS160 的功能表完全相同，此处不再重复给出。

十进制加/减可逆计数器 74LS190

多功能移位寄存器 74LS194

十进制加/减可逆计数器 74LS190 引脚图：

上排引脚（16-9）：U_{CC}　A　CP　$\overline{Q}_{CR}$　Q_{CC}/Q_{CB}　$\overline{LD}$　C　D
下排引脚（1-8）：B　Q_B　Q_A　$\overline{S}$　$\overline{U}/D$　Q_C　Q_D　地

74LS194 引脚图：

上排引脚（16-9）：U_{CC}　Q_0　Q_1　Q_2　Q_3　CP　S_1　S_0
下排引脚（1-8）：$\overline{C}_r$　D_{SR}　D_0　D_1　D_2　D_3　D_{SL}　地

附表 D.4　十进制加/减可逆计数器 74190 功能表

功能	输入						输出
	时钟 CP	使能控制 $\overline{S}$	置数控制 $\overline{LD}$	加/减控制 $\overline{U}/D$	置数输入 A B C D		Q_A Q_B Q_C Q_D
置数	φ	φ	0	φ	a b c d		a b c d
保持	φ	1	1	φ	φ φ φ φ		保　持
计数	↑	0	1	0	φ φ φ φ		加法计数
计数	↑	0	1	1	φ φ φ φ		减法计数

附表 D.5　多功能移位寄存器 74LS194 功能表

功能	清零 $\overline{C}_r$	控制信号 S_1 S_0	串行输入 D_{SR} D_{SL}	时钟 CP	并行输入 D_0 D_1 D_2 D_3	输出 Q_0	Q_1	Q_2	Q_3
清零	0	φ　φ	φ　φ	φ	φ φ φ φ	0	0	0	0
保持	1	φ　φ	φ　φ	0	φ φ φ φ	Q_0^n	Q_1^n	Q_2^n	Q_3^n
送数	1	1　1	φ　φ	↑	d_0 d_1 d_2 d_3	d_0	d_1	d_2	d_3
右移	1	0　1	d　φ	↑	φ φ φ φ	d	Q_0^n	Q_1^n	Q_2^n
左移	1	1　0	φ　d	↑	φ φ φ φ	Q_1^n	Q_2^n	Q_3^n	d
保持	1	0　0	φ　φ	φ	φ φ φ φ	Q_0^n	Q_1^n	Q_2^n	Q_3^n

显示译码驱动器 74LS248

LED 数码管 LC-5011

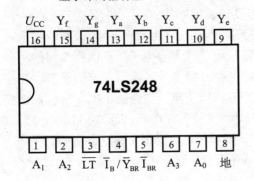

74LS248 引脚图：

上排引脚（16-9）：U_{CC}　Y_f　Y_g　Y_a　Y_b　Y_c　Y_d　Y_e
下排引脚（1-8）：A_1　A_2　$\overline{LT}$　$\overline{I}_B/\overline{Y}_{BR}$　$\overline{I}_{BR}$　A_3　A_0　地

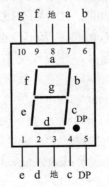

LED 数码管 LC-5011：
上排引脚（10-6）：g　f　地　a　b
下排引脚（1-5）：e　d　地　c　DP

附表 D.6　显示译码驱动器 74LS248 逻辑功能表

十进制数	控制端			输入	输出	字形
	$\overline{LT}$	$\overline{I}_{BR}$	$\overline{I}_B/\overline{Y}_{BR}$	$A_3\,A_2\,A_1\,A_0$	$Y_a\,Y_b\,Y_c\,Y_d\,Y_e\,Y_f\,Y_g$	
0	1	1	1	0 0 0 0	1 1 1 1 1 1 0	0
1	1	Φ	1	0 0 0 1	0 1 1 0 0 0 0	1
2	1	Φ	1	0 0 1 0	1 1 0 1 1 0 1	2
3	1	Φ	1	0 0 1 1	1 1 1 1 0 0 1	3
4	1	Φ	1	0 1 0 0	0 1 1 0 0 1 1	4
5	1	Φ	1	0 1 0 1	1 0 1 1 0 1 1	5
6	1	Φ	1	0 1 1 0	1 0 1 1 1 1 1	6
7	1	Φ	1	0 1 1 1	1 1 1 0 0 0 0	7
8	1	Φ	1	1 0 0 0	1 1 1 1 1 1 1	8
9	1	Φ	1	1 0 0 1	1 1 1 1 0 1 1	9
灯测	0	Φ	1	Φ Φ Φ Φ	1 1 1 1 1 1 1	8
灭灯	Φ	Φ	0	Φ Φ Φ Φ	0 0 0 0 0 0 0	暗
灭零	1	0	0	0 0 0 0	0 0 0 0 0 0 0	暗

附录 E　Multisim V10 的使用说明

E1　Multisim V10 简介

E1.1　简介

　　EDA 技术（Electronic Design Automation，电子设计自动化）是电子、信息技术发展的杰出成果。它的发展与应用引发了一场电路设计与制造工业的技术革命。EDA 技术是以计算机硬件和系统软件为工作平台，继承和借鉴了前人在电路、图论、拓扑逻辑以及优化理论等多学科多理论的最新科技成果，其目的是使电子工程师开发设计新的电子系统与电路、IC 和 PCB 时，利用计算机进行设计、分析、仿真以及制造等工作，最大限度地降低成本、缩短开发周期，提高设计的成功率。Multisim V10 是一个完整的设计工具系统，提供了一个非常大的元器件库，并提供了原理图输入功能、全部的数字/模拟 Spice 仿真功能、VHDL/Verilog 设计接口与仿真功能、FPGA/CPLD 的综合和设计、RF 电路设计和后处理功能等。

　　加拿大 Electronics Workbench 公司被美国 National Instruments 公司收购后，现已推出 Multisim V10 产品，在高校学生中作为电路、电子技术等电子信息课程学习的辅助工具被广泛使用，有效地提高了学习效率，加深了对电路、电子技术课程内容的理解。在个人计算机上安装了 Multisim V10 电路仿真软件，就好像将电子实验室搬回了家和宿舍，就完全可以在家或宿舍的个人计算机上进行电路与电子技术实验。在 Electronics Workbench 公司的网站上，还有专门为学生提供的 Student 版本，以供学习和使用。要想了解这方面的有关内容，可到其公司网站 http://www.electronicsworkbench.com 查找。

E1.2　Multisim V10 的组成与基本界面

　　Multisim V10 系统如同一个实际的电子实验室，有工作架和工作台。工作架上摆放了搭接电子电路的元器件和仪器设备，实验人员可以将仪器设备和元器件从工作架上将其移到工作台面上。连接好电路后，合上电源开关，即可进行电路的调试和测试。Multisim V10 的仿真工作过程与此相似。

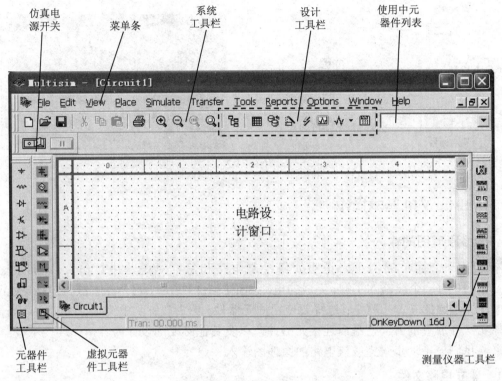

附图 E1.1

　　启动 Multisim V10，出现 Multisim 的工作界面，该界面各部分如附图 E1.1 所示。系统工具栏包含了常用的基本功能按钮；设计工具栏包含了 Multisim 仿真的主要功能，是该软件一个非常重要的功能按钮群（附图 E1.1 虚框内）；使用中元器件列表（In Use）列出了当前电路所有使用过的元器件；元器件工具栏和虚拟元器件工具栏包含了绘制电路所需的所有电路元器件；测量仪器工具栏包含了测量电路所需的测试仪器。电路设计窗口则相当于图纸，是绘制电路图的场所。

E1.3　工作界面的定制操作

　　要想控制当前电路的显示方式，可在电路设计窗口单击鼠标右键，在弹出的快捷菜单中进行选择。可进行如下操作：
◇ 显示网格点（Show Grid）。
◇ 显示标题栏和边界（Show Title Block 或 Show Border）。
◇ 元器件的属性显示选择（Show…）。
单击鼠标右键后点击弹出菜单中的"Show…"快捷菜单后，出现如附图 E1.2 所示对话框。其中 Show component reference ID 为显示元器件的序号，如附图 E1.2 中电压源的序号为 V_1，两个电阻的序号分别是 R_1 和 R_2；Show node names 为显示电路的节点标号，其中"地"默认节点标号为"0"；Show component values 为显示元器件的值，如附图 E1.2 中电压源的电压值为 12 V，电阻 R_1 和 R_2 的阻值分别为 3.3 kohm_5%和 4.7 kohm_5%。在某项前的选中框打钩，则表示选中该显示项。

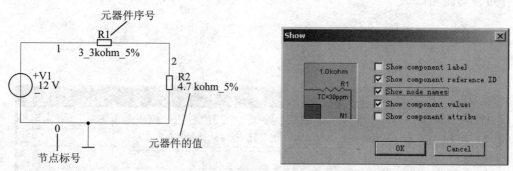

附图 E1.2

E2 Multisim V10 基本操作

E2.1 电路原理图的输入

本节以一个简单的例子来说明如何绘制电路和怎样对电路进行仿真，帮助大家对 Multisim V10 有一个概略的了解。完成的电路如附图 E2.1 所示，这是基本放大电路。Multisim V10 中设计电路的基本步骤是：选择要使用的元器件，然后放置到电路设计窗口的适当位置，并选择元器件放置的方向，最后连接元器件，以及其他必要的设计内容，如连接示波器等。接下来，我们一步一步来完成该电路的原理图输入。

E2.1.1 建立电路文件

通过选择"开始→程序→National Instruments→Circuit Design Suite 10.0→Multisim"（也可通过其他快捷方式），可运行 Multisim V10 程序。一旦程序运行，就自动打开一个空白的电路文件，电路的颜色、尺寸和显示模式等可通过改变相关设置（如 1.3 节所述）进行修改。

E2.1.2 在电路设计窗口中放置元器件

点击元器件工具栏或虚拟元器件工具栏，可选择所需的元器件。还可通过点击菜单命令"Place→component"或快捷方式"Ctrl+w"，打开"Select a component"对话框，在对话框中可选择所需的元器件。打开的"Select a component"对话框如附图 E2.2 所示。Multisim V10 提供了 3 个层次的元器件库文件，分别是 Multisim Master 和 User（用户自建库），有些版本还有合作/项目库，其中 Multisim Master 是主元器件库，我们所需元器件绝大多数都来自该库文件。

1. 元器件工具栏的操作

这里元器件工具栏包括虚拟元器件工具栏，今后除非必要，将不再区别。在附图 E1.1 的左侧，已分别显示了这两个工具栏，其中有绿底色的是虚拟元器件，即理想器件。元器件工具栏按逻辑进行了分组，其意义看栏中的图形和文字说明即可明白。如想选择其中的某种元

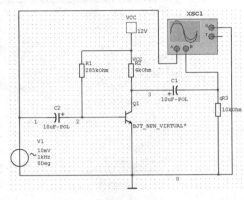

附图 E2.1

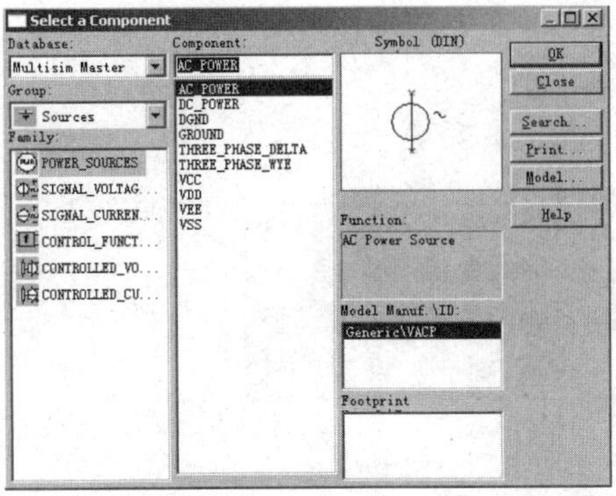

附图 E2.2

器件，可将鼠标指到该图形，单击，打开与附图 E2.2
类似的窗口。该操作也可通过在附图 E2.2 中的 Group
下拉菜单进行。

2. 放置元器件

（1）放置第一个元件——电源 V_{CC}（+12 V）。

第一步，将鼠标指到元器件工具栏中的电源工具
按钮（或在附图 E2.2 中下拉"Group"菜单，点击选
择"Source"），如附图 E2.3 所示。双击要放置的元器
件（这里为 V_{CC}），则附图 E2.3 消失，所选中的元器件
V_{CC} 出现在电路设计窗口中。移动鼠标到电路设计窗口

附图 E2.3

合适位置，单击鼠标左键，则将元器件放置到了电路设计窗口中。

第二步，改变元器件的值。V_{CC} 的默认值为 5 V，可非常容易地将其改为我们想要的
值——12 V。其方法是：在电路设计窗口，双击电源 V_{CC}，出现如附图 E2.4 所示电源属性对
话框，在该对话框中，点击"Value"标签页，将 5 改为 12，然后单击确定按钮，即将电源值
修改为 12 V。

修改元器件的值要注意的是，只有虚拟器件修改才有效。

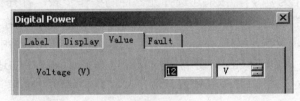

附图 E2.4

（2）放置电阻 R_1。这里采用的是虚拟电阻器，操作如附图 E2.5 所示，选择虚拟电阻，然后
放置到电路设计窗口中合适位置，并调整元器件的方向等。虚拟电阻的默认阻值是 1 kΩ，而需
要的阻值是 285 kΩ，像修改电源的电压值一样，可双击电阻，在弹出的"BASIC_VIRTUAL"对
话框中，选择"Value"标签页，修改电阻阻值为所需的 285 kΩ。双击弹出的修改电阻阻值的对
话框如附图 E2.6 所示。附图 E2.1 中的电阻 R_1、R_2 可按上述步骤处理。

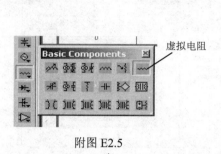

附图 E2.5   附图 E2.6

（3）放置双极型晶体管。操作如附图 E2.7 所示，从左到右单击黑框所示图形，可选择 BJT_NPN_VIRTUAL（虚拟双极型晶体管 NPN 型）器件，并放置到电路设计窗口中的合适位置。本例中 NPN 晶体管无需修改其参数值。

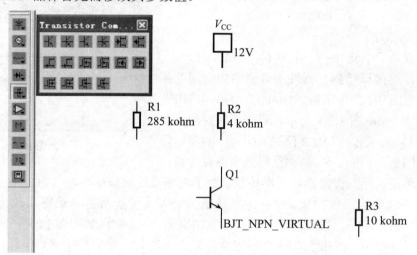

附图 E2.7

（4）放置电压型信号源 V_1，按前述选择元器件的操作步骤，打开"Select a component"对话框，在"Family"中选择"SIGNAL_VOLTAGE_SOURCE"，则在"component"栏出现 AC_VOLTAGE 和 AM_VOLTAGE 等器件，由于在本例基本放大电路中，V_1 是交流小信号电压源，故可选择"AC_VOLTAGE"，并将之放置到电路设计窗口中的适当位置。然后双击该元件，显示它的属性对话框，修改其幅值、频率、初相位等属性参数。AC 电压源的属性窗口如附图 E2.8 所示。

（5）放置电解电容。打开"Select a component"对话框后，在"Group"中选择"Basic"，然后在"Family"中点击"CAP_ELECTROLITIC"，在"Component"中输入"10"，如附图 E2.9 所示，然后双击"10uF_POL"，则将所选择的 10 μF 电解电容选中并放入了电路设计窗口中。

在电容的放置中，涉及器件的旋转问题。其方法有 3 种，第一个方法是鼠标右键单击器件，在弹出的快捷菜单中进行选择，如附图 E2.10 所示。其中"Flip Horizontal（其键盘操作

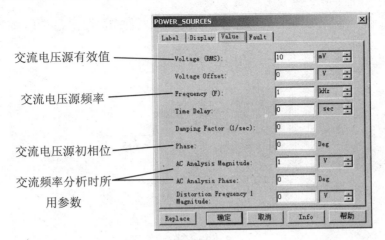

交流电压源有效值

交流电压源频率

交流电压源初相位

交流频率分析时所
用参数

附图 E2.8

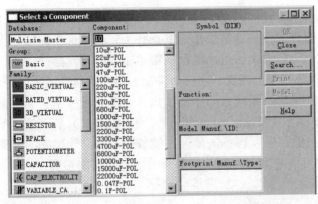

附图 E2.9

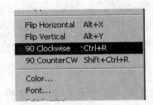

附图 E2.10

方式为 Alt+x）" 为水平翻转，"Flip Vertical（Alt+y）" 为垂直翻转，"90 Clockwise（Ctrl+R）"
为顺时针旋转 90°，"90 CounterCW（shift+Ctrl+R）" 为逆时针旋转 90°。第二个方法是鼠标
左键单击选中器件，然后用键盘输入 "Alt+X" 或按前述括号内键盘输入组合键。第三个方法
是鼠标左键单击选中器件，然后点击菜单 "Edit" 下的 "Flip Horizontal" 等项。

（6）放置 "地"（GROUND）。选择元器件对话框如附图 E2.11 所示。

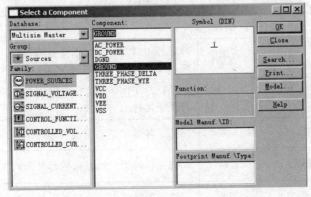

附图 E2.11

放置完元器件并设置好属性后,其基本放大电路元器件布局图便完成了,如附图 E2.12 所示。

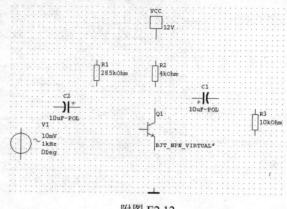

附图 E2.12

E2.1.3　连接电路

在 Multisim V10 中,连接电路元器件的操作非常简单。其操作为:将鼠标指向要连接的元器件的一端,则鼠标指针变成带"十"字的小黑点,鼠标左键单击要连接元器件端点,然后移动鼠标到目标元器件端点上,再次单击鼠标左键,则自动连接上两个元器件之间的导线。需要注意的是导线之间的连接是 T 型交叉时,系统自动添加节点,而是"十"字交叉时需手工添加节点。手工添加节点的方法是:单击"Place→Junction"(或"Ctrl+J")启动放置节点命令,然后将鼠标移动到需要放置节点的位置,再单击鼠标左键放置节点。连接好的电路如附图 E2.1 所示(由于连接电路的顺序可能与本书不同,故节点的序号也可能不同)。

E2.1.4　保存所设计的文件

单击"File→Save"命令(或系统工具栏图标 🖫),即可保存所设计的文件到指定文件夹。保存文件的操作与其他 Windows 软件完全相同。

E2.2　元器件库简介

Multisim V10 的元器件库如前所述主要使用 Multisim Master 库。该库文件分为 13 个组(Group),每个组又分几个家族(Family)。每个 Group 分类及其所含器件见附表 E2.1。

附表 E2.1

名　　称	图标	描　　述
Source(电源)	⏚	选择电源器件,包括交直流电源、电压源和电流源,以及集成电路的供电电源如 VCC、GROUND 等
Basic(基本器件库)	ᴧᴧᴠ	选择常用电阻、可变电阻、电容、电感、变压器、继电器、开关等器件
Diodes(二极管库)	⊶	选择各种类型的二极管器件
Transistors(三极管库)	ⱪ	选择各种类型的晶体管器件
Analog(模拟器件库)	⊳	选择各种模拟放大器件,如运算放大器等

续表

名　称	图标	描　述
TTL（TTL 数字逻辑电路集成电路库）		选择 TTL 数字逻辑集成电路器件，如 74LS 和 74LTD 系列的器件
CMOS（CMOS 数字逻辑电路集成电路库）		选择 CMOS 型数字逻辑集成电路器件，如 40** 系列、74HC 系列等
Misc Digital（其他数字器件库）		选择 HTDL、Verilog_HDL 等可编程逻辑器件
Mixed（模数混合器件库）		选择 555 定时器、模/数和数/模转换器件以及模拟开关
Indicators（显示器件库）		选择电压表、电流表、探针、蜂鸣器、灯、八段字符显示器等
Misc（其他器件库）	MISC	选择熔丝、晶振等器件
RF（RF 射频器件库）		射频电路相关器件
Electro-mechanical（机电类器件库）		选择继电器、三相电机等机电器件

E2.3　测试仪器简介

Multisim V10 中有很多分析测试仪器，如万用表、双通道示波器、波特仪（即频谱分析仪）、功率表、函数发生器、逻辑分析仪，等等。这些仪器的使用方法和操作设置与真实器件没有多大差别。测量分析仪器栏里各个仪器的含义如附图 E2.13 所示。

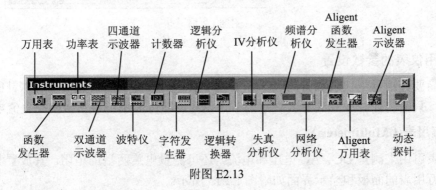

附图 E2.13

E2.3.1　将分析仪器加入电路中

在默认设置下，分析测试仪器工具栏显示在窗口的右侧。若该工具栏没有显示，可单击"View→Toolbars→Instruments Toolbars"，即可显示该工具栏。也可以使用鼠标右键快捷方式，即单击鼠标右键，在快捷菜单中，选择"Instruments Toolbar"。当仪器工具栏可见时，将鼠标指向该工具栏，单击想要的仪器，然后拖动鼠标到电路设计窗口合适的位置，单击鼠标左键，即将仪器放置在电路的合适位置。仪器与线路的连接方法同元器件之间的连接。

E2.3.2　分析仪器的使用

（1）要观察和修改参数设置的仪器，可用鼠标左键双击该仪器。这时仪器的面板为可见状态。在面板上，可设置其参数，设置方法同真实仪器。

（2）单击仿真电源开关"Run/Stop"，可激活电路工作。电路工作后，则可在仪器面板上观测仿真结果。

E2.3.3 分析仪器的参数设置

示波器、频谱仪和逻辑分析仪等仪器的参数设置是基于瞬态分析的。仪器的参数设置方法如下。

（1）在菜单中单击"Simulation→Default Instrument Settings"，则出现仪表默认设置对话框，单击"More"后如附图 E2.14 所示。

（2）输入所需的设置参数，单击"Apply"，则所设置的仪表参数在下次仿真将起作用。

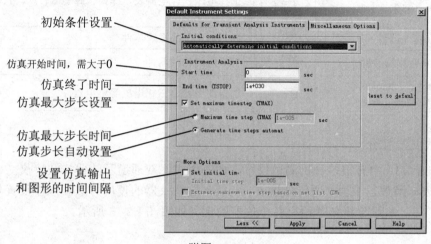

附图 E2.14

E2.4 常用仪表的参数设置

本节简要介绍常用仪表如万用表、示波器以及逻辑分析仪的参数设置。探针的使用无需设置参数，只需将探针放置到想要观察的节点位置，即可显示出该节点的交直流电位值。

E2.4.1 万用表（Multimeter）

万用表可用来测量 DC、AC 电压和电流，还可测量电路两端的电阻。其放置和连接方法前已述。万用表的面板和显示界面如附图 E2.15 所示。

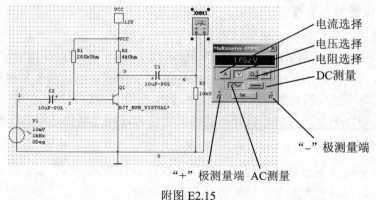

附图 E2.15

与实际万用表一样，测量电压时要将万用表并联接入电路中，而测量电流时则需串联接入所测电流的支路，测量电阻时电路中电源须不作用。

E2.4.2　示波器

示波器（Oscilloscope）能实时直观地观测信号的波形，在实际电路测量中是一个常用的测量仪器。Multisim V10 提供了一个双通道、可数字读数、可全程数字记录存储仿真过程的示波器。在仿真运行时，其图标和面板如附图 E2.16 所示。

示波器刚从仪器工具栏中取出时显示为小图标，用鼠标双击后出现一个类似实际示波器的面板。拖动游标可详细读取波形中任一点的值，以及两个游标之间读数的差值。按下"Reverse"按钮可改变示波器屏幕的背景颜色。按下"Save"按钮可以 ASCII 码格式存储波形。附图 E2.16 中同时显示了示波器面板设置如触发方式设置、时基参数的调整等。

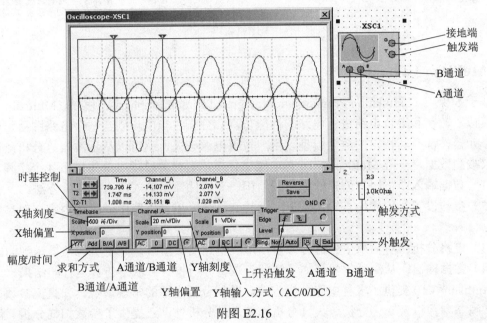

附图 E2.16

E2.4.3　逻辑分析仪

逻辑分析仪（Logic Analyzer）的主要用途是对数字信号的高速采集和时序分析，可用来同时跟踪和显示最多 16 路数字信号和时钟信号，应用于较复杂的数字电路的分析和设计。Multisim V10 提供了 16 路的逻辑分析仪，附图 E2.17 为已连接电路并仿真运行时，逻辑分析仪的图标和鼠标双击后出现的界面。

附图 E2.17 中面板的 16 个小圆圈代表 16 个输入端。小圆圈内为各路逻辑信号的当前逻辑值。逻辑信号显示区显示的是输入信号的波形。可通过设置输入连线的颜色来改变相应波形的显示颜色，以便观察。在逻辑分析仪被触发前，单击"Stop"按钮可显示触发前波形，触发后"Stop"按钮不起作用。任何时候单击"Reset"按钮，显示区内的波形都会被清除。在对时序逻辑电路进行分析时，往往时钟信号接到逻辑分析仪的外部时钟输入端，这时通常还需要单击采样时钟设置按钮，在出现的对话框中选择外部时钟输入（External），才能正确显示。

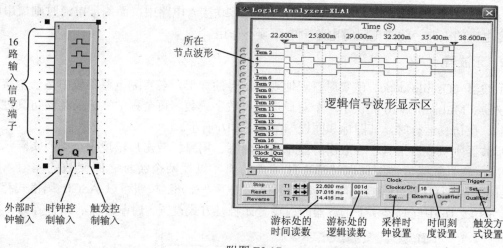

16
路
输
入
信
号
端
子

C Q T

外部时   时钟控   触发控
钟输入   制输入   制输入

所在
节点波形

逻辑信号波形显示区

游标处的   游标处的   采样时   时间刻   触发方
时间读数   逻辑读数   钟设置   度设置   式设置

附图 E2.17

E3　Multisim V10 分析方法

基于 SPICE（Simulation Program with Integrated Circuit Emphasis）程序，Multisim V10 可以对模拟、数字和混合电路进行电路的性能仿真和分析。当用户创建一个电路图后，电路中的每个元器件都有其特定的数学模型，用户按下电源开关，就可以从示波器等分析测试仪器上读取被测数据。一般 Multisim V10 对电路进行模拟运行的过程可分为以下 4 个步骤。

（1）**数据输入**：将用户创建的电路图结构、元器件数据输入，选择分析方法。

（2）**参数设置**：程序检查输入数据的结构和性质，以及电路中的阐述内容，对参数进行设置。

（3）**电路分析**：对输入信号进行分析，形成电路的数值解，并将所得结果送到输出级。

（4）**数据输出**：从测试仪器（如示波器、逻辑分析仪等）获得仿真运行的结果。

Multisim V10 提供了多种电路分析方法。除能分析电路的常规参数，如直流参数、交流参数、瞬态参数以及噪声分析、失真分析和傅里叶分析外，还提供了参数扫描分析、温度扫描分析等分析方法。下面仅就几种简单的分析方法作一介绍。

E3.1　直流工作点分析

直流工作点（DC Operating Point）分析用于分析电路的直流工作点。在进行直流分析时，交流电源被视为零输出（即交流电压源被视为短路，交流电流源被视为开路），同时将电容视为开路，电感视为短路。电路中的数字元器件被视为高阻接地。直流分析是所有其他分析的基础，电路的其他分析往往以直流工作点作为其暂态初始条件。

E3.1.1　直流工作点分析步骤

直流工作点分析的步骤如下。

（1）在 Multisim V10 中创建需进行分析的电路原理图。

（2）如 1.3 节所述，在电路设计窗口单击鼠标右键，再单击"Show"，在出现的对话框中选中"Show Node Names"，即显示电路节点的标号。

（3）在系统菜单栏单击"Simulate→Analyses→DC Operating Point..."，在打开的对话框

中，Multisim V10 自动将电路中所有节点的电压符号和电源支路的电流符号，显示在"Variables in Circuit"栏中，可将需要显示的电压和电流参数选中添加到"Select Variables for"栏中。附图 E3.1 为基本放大电路（附图 E2.1）打开并单击"More"后所显示的对话框。

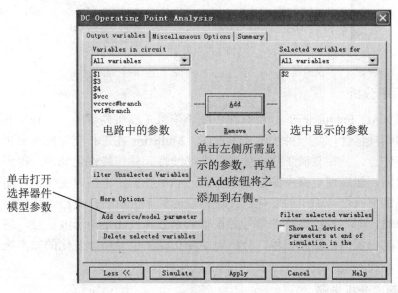

附图 E3.1

E3.1.2　例子

观察附图 E2.1 电路的静态工作点的方法如下。

（1）如附图 E3.1 所示，将节点 3 的电位添加到选中参数显示区，此即是晶体管的集-射极电压。

（2）添加晶体管的基极电流和集电极电流到选中参数显示区：在附图 E3.1 中，单击"Add device/model parameters"按钮，在出现的对话框中按附图 E3.2 所示进行设置，其中"ic"即为晶体管集电极电流，单击选中后单击"OK"按钮退出，则"ic"出现在"Variable in circuit"栏，可选中添加到"Selected variable for"栏中。同理选择"ib"。

附图 E3.2

（3）单击"Simulate"按钮，运行静态工作点分析，结果如附图 E3.3 所示。

DC Operating Point	
$3	5.70439
@qq1[ic]	1.57432m
@qq1[ib]	39.35810μ

附图 E3.3

E3.2　交流频率分析

交流频率（AC Frequency）分析是在正弦小信号工作条件下的一种频域分析。分析计算电路的幅频和相频特性，是一种线性分析方法。Multisim 在进行交流频率分析时，首先分析电路的直流工作点，并在直流工作点处对各个非线性元件作线性化处理，得到线性化的交流小信号等效电路，然后使电路中的交流信号源的频率在一定范围内变化，并用交流小信号等效电路计算电路交流信号输出的变化。在进行交流频率分析时，电路工作区中自行设置的输入信号将被忽略，即不论给电路的信号源设置的是三角波还是矩形波信号，进行交流频率分析时，都将自动设置为正弦波信号，分析电路随正弦波信号频率变化的频率响应曲线（注意信号源的幅值不变）。

E3.2.1　交流频率分析步骤

交流频率分析步骤如下。

（1）在 Multisim V10 中创建所需分析的电路，并显示电路中的所有节点。

（2）启动交流频率分析工具并设置参数。选择"Simulate→Analyses→AC Frequency Analysis"命令，打开"AC Analysis"对话框，如附图 E3.4 所示。该对话框的频率参数页有设置项目、单位以及默认值等，如附图 E3.4 所示，可以根据需要设置起始频率（Start frequency）、终止频率（End frequency）、扫描类型（Sweep type）等项目。在输出参数页，可选择仿真运行需观测的参数，其设置方法同前。

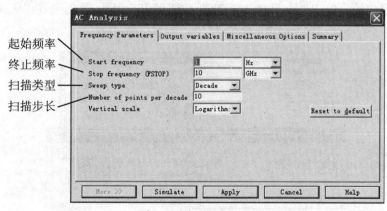

附图 E3.4

E3.2.2　例子

观察附图 E2.1 基本放大电路的频率特性的方法如下。

（1）创建好电路图后，按附图 E3.4 设置频率扫描分析的参数，如起始频率、终止频率等，在本例使用附图 E3.4 所示默认值即可。

（2）在附图 E3.4 中单击"Output variables"属性页，选择需要分析的参数，本例选择节点 1 和节点 4。

（3）单击"Simulate"按钮，运行交流频率分析，可得结果如附图 E3.5 所示。附图 E3.5 中，上部分为幅频特性，下部分为相频特性。从图中可见，当频率大于 100 Hz 后，即进入中频段，输入与输出信号反相，相移约为 180°。

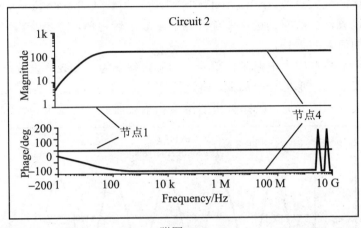

附图 E3.5

E3.3　瞬态分析

瞬态（Transient）分析是一种非线性时域分析方法，是在给定输入激励信号时，分析电路的输出端的瞬态响应。Multisim 在进行瞬态分析时，首先计算电路的初始状态，然后从初始时刻起，到某个给定的时间范围内，选择合理的时间步长，计算输出端在每个时间点的输出电压，输出电压由一个完整周期中的各个时间点的电压决定。启动瞬态分析时，只要定义起始时间和终止时间，Multisim V10 会自动调节合理的时间步长值，来兼顾分析精度和计算时所需的时间，也可以自行定义时间步长，以满足特殊要求。

瞬态分析的步骤同前，须先建立电路原理图，然后通过命令进入瞬态分析仿真设置对话框，设置仿真参数，再运行仿真并分析结果。单击菜单命令"Simulate→Analyses→Transient analysis"，可设置瞬态分析的参数。打开的对话框如附图 E3.6 所示。

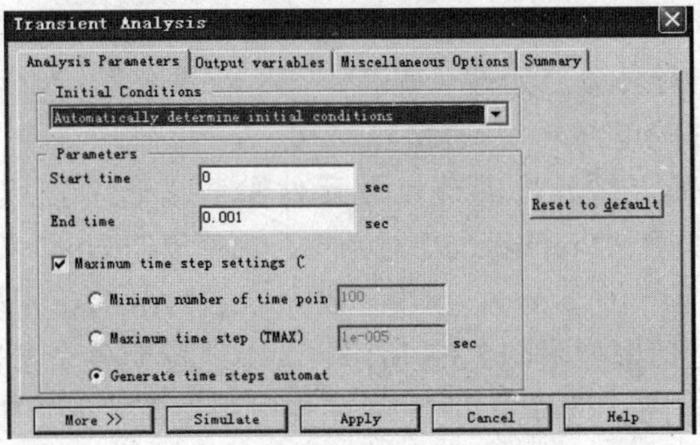

附图 E3.6

附图 E3.6 中，"Initial Conditions"设置瞬态分析的初始条件，可通过点击该下拉框分别选择置零初值（Set to Zeros）、用户自定义（Users-defined）、计算直流工作点（Calculate DC Operating Point）和自动确定初值（Automatically determine initial conditions）。起始时间（Start time）的设置必须大于零并小于终止时间（End time），起始和终止时间的设置要符合采样定理，通常终止时间需大于信号频率的 2～10 倍，这样可在仿真结果上显示输出信号的 2～10 个周期，以利于观察分析仿真波形。最小仿真计算点数（Minimum number of time point）设置在起始时间和终止时间之间需要仿真计算的最小点数，最大仿真点数（Maximum time step）设置仿真所能计算的最大点数。单击选中自动产生仿真步长（Generate time steps automatically）则仿真步长自动设置，一般默认选中该项。当显示波形较粗糙，不够平滑时，可通过增大最小仿真计算点数的值来改善。

附图 E2.1 所示基本放大电路中，信号源 V_1 的频率为 1 kHz，设置终止时间为默认值"0.001 sec"时，仅显示波形的一个周期，将该值增大为"0.005 sec"，则显示波形如附图 E3.7 所示。当电路中接入示波器后，瞬态分析的结果和示波器显示的结果是一致的。

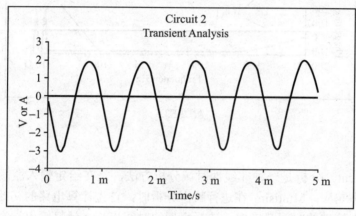

附图 E3.7

E3.4 温度扫描分析

电阻阻值和晶体管等半导体器件的许多模型参数都与温度有关，而温度的变化又将通过这些元件参数的变化而最终影响电路的性能。温度扫描（Temperature Sweep）分析，相当于电路在不同环境温度下进行多次实验（改变电路工作的环境温度，在实验室往往难以做到，这体现了模拟仿真的优越性）。运用温度扫描分析，能够很快验证在不同温度条件下电路的性能。通常，温度扫描分析与直流工作点分析、瞬态分析和交流频率分析一起使用。温度分析适用于包括虚拟电阻、半导体分立元件（如晶体管、场效应管、MOS 管等）等元器件模型参数依赖温度参数的元器件的电路。

输入电路原理图并确定需分析的节点和元件参数（若节点标号未显示，可通过命令"Options→Preference"，打开"Preference"对话框，选择"Circuit"设置页，选中"Show node names"即可在电路中显示节点标号）。单击"Simulate→Analyses→Temperature Sweep…"，打开温度扫描参数设置对话框如附图 E3.8 所示，图中已标明各个参数的设置方法和意义。对附图 E2.1 所示基本放大电路，选择节点 2、3 和集电极电流"ic"，进行直流工作点分析，所得结果如附图 E3.9 所示。

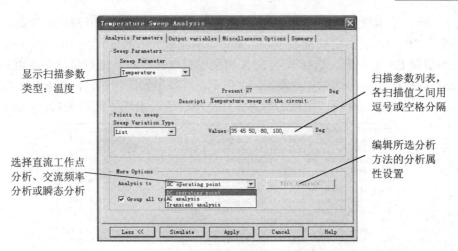

显示扫描参数
类型：温度

扫描参数列表，
各扫描值之间用
逗号或空格分隔

选择直流工作点
分析、交流频率
分析或瞬态分析

编辑所选分析
方法的分析属
性设置

附图 E3.8

E3.5　参数扫描分析

温度扫描分析是在用户指定的每个温度下对设定
的电路特性进行分析。参数扫描（Parameter Sweep）
分析的作用与此类似，即在用户指定某个参数变化的
条件下，对电路的特性进行分析。在参数扫描分析中，
变化的参数可以是温度，还可以是独立电压源、独立
电流源和器件的模型参数等。同温度扫描分析，参数
扫描分析也与直流工作点分析、瞬态分析和交流频率
分析一起使用。

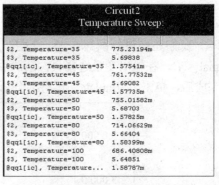

附图 E3.9

输入电路原理图后，若需要进行元件的参数扫描
分析，可通过单击"Simulate→Analyses→Parameter Sweep…"，打开"Parameter Sweep"参
数设置对话框，单击"More"后如附图 E3.10 所示，图中已标明各个参数的设置方法和意义。

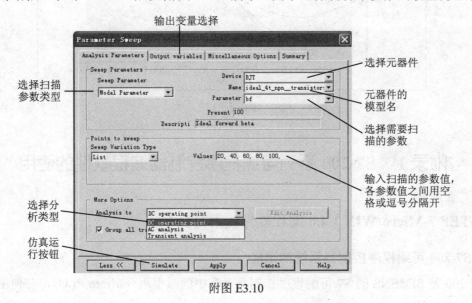

输出变量选择

选择扫描
参数类型

选择元器件

元器件的
模型名

选择需要扫
描的参数

输入扫描的参数值，
各参数值之间用空
格或逗号分隔开

选择分
析类型

仿真运
行按钮

附图 E3.10

对附图 E2.1 所示基本放大电路，若 NPN 晶体管的电流放大倍数为所扫描的参数，其变化范围假设确定为 20～100，确定扫描 5 个参数点，即电流放大倍数分别为 20、40、60、80、100，设置方法如附图 E3.10 所示。选择节点 2、3 和集电极电流"ic"，进行直流工作点分析，单击"Simulate"运行仿真所得结果如附图 E3.11 所示，可得出如下结论，该基本放大电路的晶体管的电流放大倍数大于 60 后，电路的静态工作点不合适，出现了饱和失真。

```
@qq1[ic], ideal_4t_npn_transistors_virtual_1 bf=20      788.23800m
$2, ideal_4t_npn_transistors_virtual_1 bf=20            768.05384m
$3, ideal_4t_npn_transistors_virtual_1 bf=20            8.84717
@qq1[ic], ideal_4t_npn_transistors_virtual_1 bf=40      1.57432m
$2, ideal_4t_npn_transistors_virtual_1 bf=40            785.94619m
$3, ideal_4t_npn_transistors_virtual_1 bf=40            5.70439
@qq1[ic], ideal_4t_npn_transistors_virtual_1 bf=60      2.35868m
$2, ideal_4t_npn_transistors_virtual_1 bf=60            796.40248m
$3, ideal_4t_npn_transistors_virtual_1 bf=60            2.56539
@qq1[ic], ideal_4t_npn_transistors_virtual_1 bf=80      2.95374m
$2, ideal_4t_npn_transistors_virtual_1 bf=80            802.26156m
$3, ideal_4t_npn_transistors_virtual_1 bf=80            185.05267m
@qq1[ic], ideal_4t_npn_transistors_virtual_1 bf=100     2.96281m
$2, ideal_4t_npn_transistors_virtual_1 bf=100           802.46528m
$3, ideal_4t_npn_transistors_virtual_1 bf=100           148.76869m
```

图 E3.11

我们还可进行瞬态分析，设置方法为在附图 E3.10 中分析类型选择瞬态分析（Transient analysis），在输出变量选择页，清除原有输出变量，添加节点 4 的电压为所要观察的变量。设置完成后，单击"Simulate"运行，分析结果如附图 E3.12 所示，可见所得结论与直流分析一致。

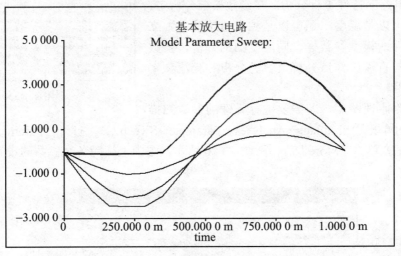

附图 E3.12

附录 F　S7-200 系列可编程序控制器编程软件的使用

F1　STEP 7-Micro/WIN V4.0 编程软件使用简介

F1.1　S7-200 可编程序控制器系统的组成

S7-200 是 SIMENS 的 S7 可编程序控制器系列中的微型机（Micro PLC），在使用 S7-200

时，需要对其编制用户程序。S7-200 Micro PLC 的编程系统包括一台 S7-200 CPU、一台装有编程软件 STEP 7-Micro/WIN32 的 PC 机或编程器和一根连接电缆，如附图 F1.1 所示。

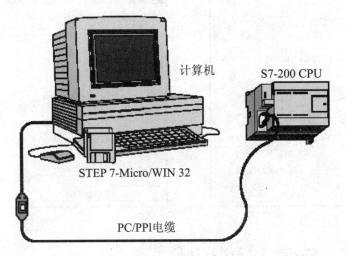

附图 F1.1

STEP 7-Micro/WIN32 软件 4.0 以上版本是基于 Windows 的应用软件，它支持 32 位的 Windows 95、Windows 98、Windows NT、Windows Me、Windows 2000 SP2、Windows XP Home 和 Windows XP Professional 使用环境。

STEP 7-Micro/WIN32 软件 4.0 以上版本是基于 Windows 的应用软件，它可以方便地对 S7-200 CPU 进行编程、下载和监控等操作。

F1.2 STEP 7-Micro/WIN V4.0 编程软件的设置

1. 通讯参数的设置

（1）从主菜单的"查看"中选择"通讯"，或单击"通讯"图标，出现通讯对话框（如附图 F1.2 所示）。

（2）选择"设置 PC/PC 接口"钮，将出现"Setting the PG/PC Interface"对话框，如附图 F1.3 所示。

（3）先选择"PC/PPI Cable（PPI）"协议，然后选择"Properties"钮，将出现接口属性对话框，检查有关属性，确保其正确（如附图 F1.4 所示）。

在"PPI"标签中，"Transmission Rate"的设置必须与 PC/PPI 电缆上的设置相同（9.6 kbps 或 12.9 kbps）。

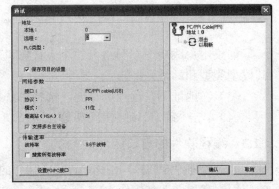

附图 F1.2

在"Local Connection"标签中，"Com port"应为计算机上与 PC/PPI 电缆相连接的串行通讯口（Com1 或 Com2）。

（4）单击"OK"钮，完成通讯参数设置。

附图 F1.3　　　　　　　　　　　　　　附图 F1.4

2. 建立计算机与 S7-200 CPU 的在线联系

（1）从主菜单的"查看"中选择"通讯"，或单击"通讯"图标，出现通讯对话框（如附图 F1.2 所示）。

（2）从"通讯"对话框的右侧窗格，单击显示"双击刷新"的蓝色文字（如附图 F1.5 所示）。

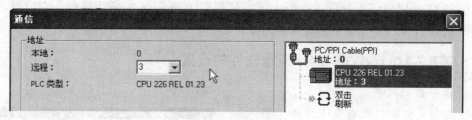

附图 F1.5

如果用户成功地在网络上的个人计算机与设备之间建立了通讯，会显示一个设备列表（及其模型类型和站址）。

（3）在地址下，远程选择处，选择系统检测到的 CPU 地址。

（4）单击"确定"钮，就可以建立计算机与 S7-200 CPU 的在线联系（下载、上载、监控）。

F1.3　编程软件的窗口组件

双击桌面"STEP 7-Micro/WIN V4.0"的快捷方式图标，进入"STEP 7-Micro/WIN V4.0"的应用程序界面，如附图 F1.6 所示。

在"STEP 7-Micro/WIN V4.0"窗口中，包括以下组件（这些组件并不一定同时出现，它们可以在需要时，执行相应的操作打开或关闭）。

（1）菜单。允许用户使用鼠标或键盘执行"STEP 7-Micro/WIN V4.0"的各种操作。

（2）工具条。提供 STEP 7-Micro/WIN V4.0 的最常使用功能的操作按钮。

（3）浏览条。将常用的系统功能和编程工具按组排放。其中包括"查看"和"工具"两个组。

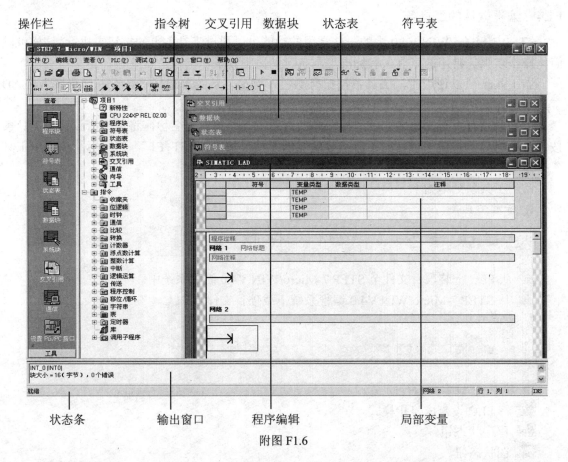

附图 F1.6

（4）项目/指令树。提供所有的项目对象和当前程序编辑器可用的所有的指令（LAD、FBD 或者 STL）的一个树型浏览。可以左击指令树中的"+""-"，以便展开或隐藏树中的内容。

（5）局部变量表。局部变量表使用暂时存储区，地址分配由系统处理。变量的使用仅限于定义了此变量的程序。

（6）程序编辑器窗口。包括项目使用的编辑器的局部变量表和程序视图（LAD、FBD 或者 STL）。

（7）输出窗口。在执行各项操作后，系统的输出信息。

（8）状态条。执行"STEP 7-Micro/WIN V4.0"时的状态信息。

（9）符号表/全局变量表窗口。允许编辑并对全局的符号赋值，可以通过浏览条或指令树中的"符号表"按钮打开，也可点击"查看"菜单命令中的"符号表"打开。

（10）状态图窗口。对程序的输入、输出或者变量的状态进行监视，可以通过浏览条或指令树中的"状态图"按钮打开，也可点击"查看"菜单命令中的"状态图"打开。

（11）数据块/数据初始化程序窗口。显示并且编辑数据块内容，可以通过浏览条或指令树中的"数据块"按钮打开，也可点击"查看"菜单命令中的"数据块"打开。

F1.4 编程软件的工具条

STEP 7-Micro/WIN V4.0 中的一些常用的功能可以通过工具条上的按钮来执行，这样可以简化操作步骤。常用的工具条有标准工具条、调试工具条和指令工具条等。

当工具条可以使用时，工具条按钮有颜色，例如，从菜单选择"查看→梯形图"，LAD 工具条进入激活状态。如果某工具条按钮被关闭，它将呈灰色。

工具条具有上下文帮助连接的特性：欲查看工具条按钮的名称，将鼠标箭头移至工具条按钮上，将显示按钮名称；欲了解工具功能的详情，按"SHIFT+F1"，将鼠标箭头置于工具条按钮上，然后单击按钮。

常用工具条列举如下。

1. 标准工具条

▲ 从 PLC 上装项目文件至 STEP 7-Micro/WIN V4.0 编程系统中。
▼ 从 STEP 7-Micro/WIN V4.0 编程系统下载项目文件至 PLC。

2. 调试工具条

▶ 将 PLC 设定成运行模式。
■ 将 PLC 设定成停止模式。
▦ 程序状态钮。
▦ 图状态钮。

3. 指令工具条

各按钮的功能依次为：插入向下线，插入向上线，插入向左线，插入向右线，插入触点，插入线圈，插入方框。

4. 公用工具条

各按钮的功能依次为：插入网络，删除网络，切换 POU 注解，切换网络注解，切换符号表信息，切换书签，下一个书签，上一个书签，删除全部书签，应用项目中的所有符号，创建未定义符号的表格。

F1.5 编程软件的浏览条

浏览条是显示编程特性的按钮控制群组。它包含以下两部分（单击每部分列出的按钮控制图标可打开相应的按钮控制）。

（1）"查看"——选择该类别，显示"包程序块""符号表""状态表""数据块""系统块""交叉引用""通信及设置 PG/PC 接口"按钮控制。

程序编辑器。

为程序数据和 I/O 点指定符号名。

监控和强制 PLC 程序数据和 I/O 点。

在 PLC 中存储程序数据和初始条件数据。

配置 PLC 硬件选项。

PLC 存储区使用状态总结。

设置和测试从 PC 至 PLC 的通信网络。

添加、删除和配置通信驱动程序。

（2）"工具"——选择该类别，显示"指令向导""文本显示向导""位置控制向导""EM 253 控制面板"和"调制解调器扩展向导"等的按钮控制。

查看	
工具	
🔖 指令向导	逐步显示编程步骤。
🔖 文本显示向导	显示如何将程序与 TD 相连，以配置 TD 至 PLC 的双向操作员界面通信。
🔖 位置控制向导	帮助用户将位置控制用作应用程序的一部分。
🔖 EM 253 控制面板	允许用户在开发进程的测试阶段监控和控制位置模块的操作。
🔖 调制解调器扩展向导	帮助用户设置远程调制解调器或 EM 241 调制解调器模块，以便将 PLC 与远程设备连接。
🔖 以太网向导	帮助用户配置以太网模块，以便将 S7-200 PLC 与工业以太网网络连接。
🔖 AS-i 向导	帮助用户建立在用户的程序和 AS-i 主模块之间传送数据所需的代码。
🔖 因特网向导	配置 CP243-1 IT 因特网模块，将 S7-200 PLC 与以太网连接，并增加因特网电子邮件和 FTP 选项。
🔖 配方向导	在可移动非易失存储卡（64 或 256 千字节）中存储配方数据使用户的程序能够读取和写入此配方数据。
🔖 数据记录向导	帮助用户在可移动非易失存储卡（64 或 256 千字节）中记录进程数据。
🔖 PID 调节控制面板	使用自动或手动调节来优化 PID 环路参数。

F1.6　编程软件的项目/指令树

指令树提供了所有的项目对象和当前程序编辑器可用的所有的指令（LAD、FBD 或者 STL）的一个树形浏览（如附图 F1.7 所示）。

使用主菜单中的"查看→框架→指令树"菜单命令在"ON"（可见）及"OFF"（隐藏）之间切换指令树的显示。可以左击指令树中的"+""−"，以便展开或隐藏树中的内容。双击文件夹内的目标图标，可以选择该目标。

指令树包括以下两个分支。

1. 项目分支——组织项目

插入新的子程序或中断程序，并可选择相应的程序模块进行编辑；

插入新状态图或符号表，并对其进行编辑；

对数据块、程序块、交叉引用、通讯进行设定。

2. 指令分支——编辑程序

单击打开指令文件夹并选择指令后，可以通过拖放或双击操作，在程序内插入指令（只用于 LAD 及 FBD，不适用于 STL）。右击指令并从弹出菜单内选择"帮助"，可以了解有关该指令的信息。

F1.7　编程软件的状态图

在调试程序时，可以利用状态图，对 CPU 的输入、输出或者其他变量的状态进行监视。

利用"浏览条"中的"状态图"按钮或"查看"菜单的"状态图"命令，可以建立一个新的状态图，如附图 F1.8 所示。在状态图的地址栏里输入欲监视变量的地址（列于 PLC 内存地址范围的类型大多数是有效的，但是数据常量、累加器和高速计数器除外）；在状态图的格式栏里输入欲监视变量的格式（位、有符号整数、无符号整数、二进制、十六进制、ASCII 码），定时器和计数器的值可以显示为位或整数格式。如果以位格式显示定时器或计数器值，显示的是输出状态（输出接通或断开）。如果以整数格式显示定时器或计数器值，显示的是其当前数值。

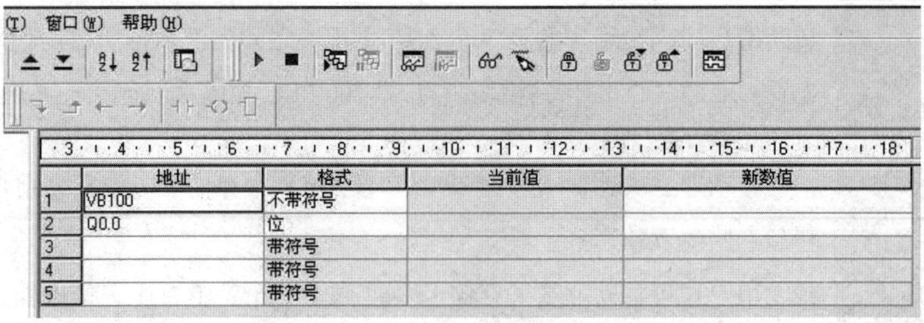

附图 F1.7

	地址	格式	当前值	新数值
1	VB100	不带符号		
2	Q0.0	位		
3		带符号		
4		带符号		
5		带符号		

附图 F1.8

在状态图中输入欲监视变量后，可以从"调试"菜单或从"调试"工具栏使用调试功能（单一读、写全部、强迫、非强迫、非强迫全部、读全部强迫、趋势图）。

F1.8　编程软件中帮助功能的使用

STEP 7-Micro/WIN V4.0 有较强的帮助功能，要使用 STEP 7-Micro/WIN V4.0 的帮助功能，可以有多种方式。

1. 使用帮助菜单

在帮助菜单中选择"目录和索引"项，将显示 STEP 7-Micro/WIN V4.0 的帮助主题，如附图 F1.9 所示。在"目录"标签中，显示了 STEP 7-Micro/WIN V4.0 的帮助文件的目录，从中可以得到较系统和完整的帮助内容；在"索引"标签下，可以输入所要查询单词的字母，从而得到相应的帮助内容。

2. 使用在线帮助功能

在编程过程中，如果对某个指令或某个功能的使用有疑问，可以使用在线帮助功能。例如，在使用表指令"LIFO"时，如果想得到相应的帮助，可以有以下两种方式。

（1）在指令树中"LIFO"指令上点击鼠标右键，将显示快捷菜单，如附图 F1.10 所示。点击"帮助"项，可以得到相应的帮助内容，如附图 F1.11 所示。

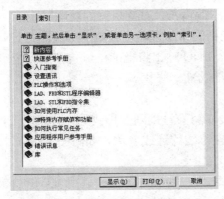

附图 F1.9

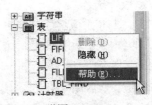

附图 F1.10

（2）在程序编辑器窗口中，直接点击"LIFO"指令，将其选中，然后按"F1"键，也可以得到如附图 F1.11 所示的帮助内容。

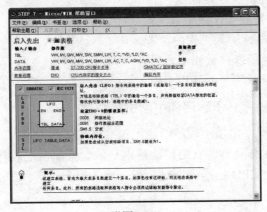

附图 F1.11

F2　如何用 STEP 7-Micro/WIN V4.0 编程软件进行编程

F2.1　编程软件的编程概念和规则

基于计算机的编程软件 STEP 7-Micro/WIN V4.0 提供了不同的编辑器选择，用于创建控制程序。对于初学者来说，在语句表、梯形图、功能块图这 3 种编辑器中，梯形逻辑编辑器最易于了解和使用，故而我们将选择梯形逻辑编辑器（简称 LAD 编辑器），使用 SIMATIC 指令集来进行编程。

1. 网络

在梯形图中，程序被分成称为网络的一些段。在主画面上已经由上而下标好网络 1、网络 2、网络 3、……。一个网络是触点、线圈和功能框的有序排列。这些组件连在一起组成一个左母线和右母线（右母线图中不出现）之间的完整的、有能量流关系的电路。能量流从左边母线流向右边，不能存在短路、开路和反向能量流。请注意：在主画面上已经标出的网络 1、网络 2、网络 3、……中，每段只能输入一个上述网络，如附图 F3.2 所示。网络 1 中的电路是有能量流关系的电路，而网络 2 中的电路与网络 1 中的电路没有能量流关系。

2. EN/ENO 定义

EN（允许输入）是 LAD 中功能框的布尔量输入。对要执行的功能框，这个输入必须存在能量流。ENO（允许输出）是 LAD 中功能框的布尔量输出。如果功能框的 EN 输入存在能量流，功能框准确无误地执行了其功能，那么 ENO 输出将把能量流传到下一个单元。如果在执行中存在错误，那么能量流就在出现错误的功能框终止。

3. 条件/无条件输入

在 LAD 中，与能量流有关的功能框或线圈用不直接到左母线的连线表示。与能量流无关的线圈或功能框用一个直接到左母线的连线表示，如附图 F2.1。

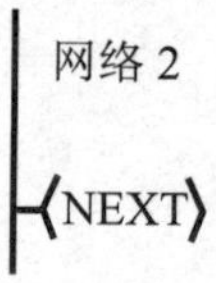

网络 2

─(NEXT)

附图 F2.1

4. 无输出的指令

不能级联的指令盒用不带布尔输出的框表示。它们是子程序调用、JMP、CRET 等。也有只能放在左母线的梯形图线圈，它们包括 LBL、NEXT、SCR 和 SCRE 等。

5. 梯形图编辑器符号说明

⊢→　是可选的能量流连接，提供一个能量流。

──→　指向一个需要能量流连接的器件。

??.?　　????　指示需要一个数值。

▭　方框提示要进行输入操作的位置。

红色波浪线或红字提示操作数错误。

绿色波浪线显示变量或符号的使用未经定义。

F2.2　程序的组成（主程序、子程序和中断例行程序）

S7-200 CPU 的控制程序由以下程序组织单位（POU）类型组成。

主程序——程序的主体（称为 OB1），是用户放置控制应用程序指令的位置。主程序中的指令按顺序执行，每次 CPU 扫描周期时执行一次。每个用户程序必须具有主程序，否则系统无法运行。

子程序——子程序是指令的一个选用集，存放在单独的程序块中，仅从主程序、中断例行程序或另一个子程序调用时被执行。

中断例行程序——中断例行程序是指令的一个选用集，存放在单独的程序块中，仅在中断事件发生时被执行。

STEP 7-Micro/WIN 通过为每个 POU 在程序编辑器窗口中提供单独的标记组织程序。主程序 OB1 总是第一个标记，其后才是用户建立的子程序或中断例行程序。

F3　如何输入梯形图逻辑程序

F3.1　如何建立项目

1. 建立新项目

双击 STEP 7-Micro/WIN 图标，或从"开始"菜单选择"SIMATIC→STEP 7 Micro/WIN"，启动应用程序。会打开一个新"STEP 7-Micro/WIN"项目。

2. 打开现有项目

从"STEP 7-Micro/WIN"中，使用文件菜单，选择下列选项之一：

打开——允许用户浏览至一个现有项目，并且打开该项目。

文件名称——如果用户最近在一项目中工作过，该项目在"文件"菜单下列出，可直接选择，不必使用"打开"对话框。

F3.2　利用符号表/全局变量表定义全局符号

符号表/全局变量表窗口允许用户分配和编辑全局符号（即可在任何 POU 中使用的符号值，不只是建立符号的 POU）。

使用下列方法之一打开符号表（用 SIMATIC 模式）或全局变量表（用 IEC 1131-3 模式）：

（1）点击浏览条中的"符号表" 按钮（见附图 F3.1）；选择"查看→符号表"菜单命令。

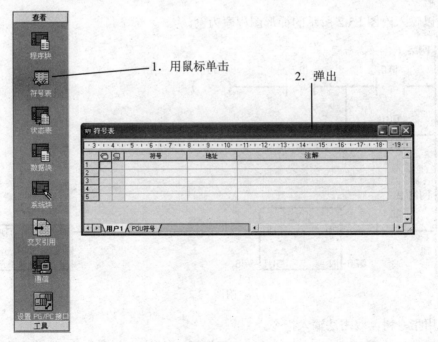

附图 F3.1

（2）打开指令树中的符号表或全局变量文件夹，然后双击一个表格 ⬚ 图标。

F3.3　利用梯形图逻辑编辑器输入逻辑指令、编辑指令和注释指令

1. 梯形图网络规则

（1）放置触点的规则。

每个网络必须以一个触点开始，网络不能以触点终止。

（2）放置线圈的规则。

网络不能以与能流相关的线圈开始；线圈用于终止逻辑网络；一个网络可有若干个线圈，只要线圈位于该特定网络的并行分支上；不能在网络上串联一个以上线圈（即不能在一个网络的一条水平线上放置多个线圈）。

（3）放置方框的规则。

如果方框有"ENO"，使能位扩充至方框外；这意味着用户可以在方框后放置更多的指令。在网络的同级线路中，可以串联若干个带"ENO"的方框。如果方框没有"ENO"，则不能在其后放置任何指令。

（4）网络尺寸限制。

可以将程序编辑器窗口视作划分为单元格的网格（单元格是可放置指令、为参数指定值或绘制线段的区域）。在网格中，一个单独的网络最多能垂直扩充32个单元格或水平扩充32个单元。

用鼠标右键在程序编辑器中点击，并选择"选项"菜单项目，可以改变网格大小。

2. 如何在梯形逻辑编辑器（LAD）中输入指令

输入LAD指令有若干方法：指令树—拖放、指令树—双击、程序工具条按钮以及功能键法等。这里主要介绍程序工具条按钮与指令树—双击两种方法，其他方法可以从主菜单"帮助"中了解。

下面以输入附图F3.2所示的梯形图程序为例。

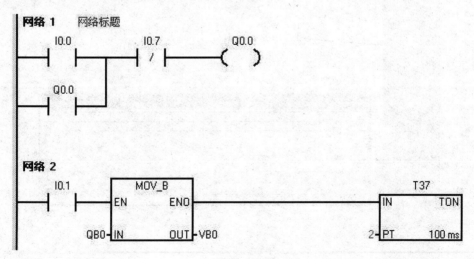

附图 F3.2

（1）用指令树—双击法输入指令。

指令树是打开STEP 7- Micro/WIN V4.0时自动出现在主画面上的。如果画面上没有指令

树，单击主菜单上"查看"就可以找到"指令树"，再单击就可以打开。新创建项目后，程序编辑器窗口显示，如附图 F3.3 所示。

方框规定了要输入指令的位置，而鼠标箭头可以选择方框的位置。

指令树的图标前有"+"的可以继续打开，出现"－"的只能关闭。找到需要的指令并双击之。本例先点击"位逻辑"前面的"+"，打开后再双击其中的常开触点符号，如附图 F3.4 所示。双击后，指令就会出现在编辑器窗口的方框位置上，如附图 F3.5 所示。

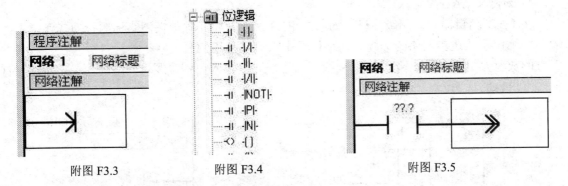

附图 F3.3　　　　　附图 F3.4　　　　　　附图 F3.5

（2）用工具条按钮输入指令。

工具条按钮如附图 F3.6 所示，从左至右依次为"向下""向上""向左""向右"连线以及"触点""线圈""方框""插入网络""删除网络"等按钮。在附图 F3.5 的状态下，在工具条按钮上找到需要的指令并单击之。各种输入指令的方法均需用工具条按钮来输入连线。如果想在已编好的某网络前插入一个网络，须先用鼠标选中该网络，然后按插入网络按钮，即可插入一个空网络，并可以在其中输入程序。

在附图 F3.3 状态下，单击触点，出现一个下拉列表。用滚动条找到所需指令并单击之，指令就出现在编辑器窗口了，如附图 F3.7 所示。输入连线的时候，先用方框指出连线的输入位置（方框应置于该位置的左侧），然后选择工具条按钮中的"向下""向上""向左""向右"连线按钮。

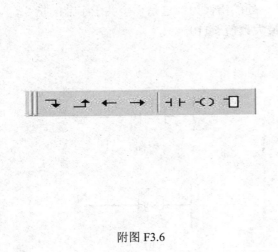

附图 F3.6

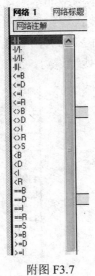

附图 F3.7

3. 如何在 LAD 编辑器输入地址（参数）

当在 LAD 中输入一指令时，参数最初由问号代表，问号提示参数未赋值。这时可以输入一个常量、变量的绝对地址或符号地址，也可以后再赋值。如果有任何参数未赋值，程序将不能编译。输入地址的时候，无论输入一个常量（例如 100）或一个绝对地址（例如 I0.1），都是先用鼠标或输入键选择输入地址的区域（方框的位置），然后简单地在方框里输入需要的值，如附图 F3.8 所示。

4. 如何在 LAD 中输入程序注释

在 LAD 编辑器中有两级注释，如附图 F3.9 所示。将光标放在网络标题行的任何位置，输入一个识别该逻辑网络的标题。网络标题中可允许使用的最大字符数为 127。在"网络"下方的灰色方框中点击，输入"网络注释"。用户可以输入识别该逻辑网络的注释，并输入有关网络内容的说明。

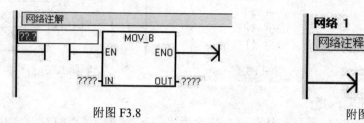

附图 F3.8　　　　　　　　　　　　　附图 F3.9

F3.4　如何进行编辑和修改

1. 如何在 LAD 中编辑程序元素

用光标移动方框至需要进行编辑的单元，单击右键，使用弹出式菜单（附图 F3.10）进行插入或删除行、列、垂直线或水平线。删除垂线时把方框放在垂直线左边单元上，删除时选"行"。进行插入编辑时，先将方框移至欲插入的位置，然后选择"列"。

2. 程序编辑器如何表示 LAD 内的输入错误

红色字样显示语法出错，试输入附图 F3.11。

当把本例中非常规地址或符号改变为常规（m0.8 改为 m0.7）红色消失。若数值下边出现红色波浪线，表示该值超出规定范围或与此指令类型不匹配。

附图 F3.12 有两处红色波浪线。第一处的错误为：这是一个关于字节的指令，VW 应为 VB。第二处错误为：5120 超过了 VB 最大数值 5 119。

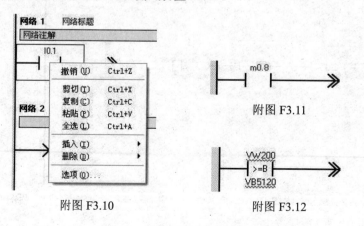

附图 F3.10　　　　　　　　　　　附图 F3.12

F4　如何下载与上装程序

如果已经成功地在运行 STEP 7-Micro/WIN V4.0 的个人计算机上和一台 PLC 建立了通信，就可以按下面的步骤下载编辑好的一个程序（当前的）到 PLC。

（1）下载至 PLC 之前，用户必须核实 PLC 位于"停止"模式。检查 PLC 上的模式指示灯。如果 PLC 未设为"停止"模式，点击工具条中的"停止" ■ 按钮，或选择"PLC→停止"。

（2）点击工具条中的"下载" ■ 按钮，或选择"文件→下载"。出现"下载"对话框。

（3）根据默认值，在用户初次发出下载命令时，"程序代码块""数据块"和"CPU 配置"（系统块）复选框被选择。如果用户不需要下载某一特定的块，清除该复选框。

（4）点击"确定"，开始下载程序。

（5）如果下载成功，一个确认框会显示这样的信息：下载成功。继续执行步骤 12。

（6）如果 STEP 7-Micro/WIN 中用于用户的 PLC 类型的数值与用户实际使用的 PLC 不匹配，会显示以下警告信息：

为项目所选的 PLC 类型与远程 PLC 类型不匹配。继续下载吗？

（7）欲纠正 PLC 类型选项，选择"否"，终止下载程序。

（8）从菜单条选择"PLC→类型"，调出"PLC 类型"对话框。

（9）用户可以从下拉列表方框选择纠正类型，或单击"读取 PLC"按钮，由 STEP 7-Micro/WIN 自动读取正确的数值。

（10）点击"确定"，确认 PLC 类型，并清除对话框。

（11）点击工具条中的"下载" ■ 按钮，重新开始下载程序，或从菜单条选择"文件→下载"。

（12）一旦下载成功，在 PLC 中运行程序之前，用户必须将 PLC 从"STOP"（停止）模式转换回"RUN"（运行）模式。点击工具条中的"运行" ▶ 按钮，或选择"PLC→运行"，转换回"RUN"（运行）模式。

如果想"上装"，就是将 PLC 中已经存在的一个程序送回到计算机的编辑器中；所执行的步骤基本如上所述，操作上不同的地方是按工具条中的"上装"按钮。

F5　如何对程序进行调试与监控

用 STEP 7- Micro/WIN V4.0 软件可以观察程序的运行状态，可以方便地对程序进行监控和调试。

F5.1　用"程序状态"方式观察 CPU 的运行状态

此为"程序状态"钮，它可以切换程序状态接通或关闭。当程序状态接通时，LAD 编辑器显示在线程序的所有内存特别是"内部"内存的逻辑状态和参数值；而且还显示"强迫状态"的资料，允许你从程序编辑器"强迫"或"非强迫"一个值。

例如，将附图 F3.2 所示程序输入、下载后，启动 CPU 运行。用"程序状态"钮或菜单中的"排错→程序状态"，都可以进入程序状态，观察 CPU 的运行情况，如附图 F5.1 所示。

当 I0.0 为"ON"、I0.7 为"OFF"，Q0.0 变为"ON"；I0.1 为"ON"，将 QB0 中内容（00000001）传送到 VB0 中，并启动定时器 T37，开始计时。

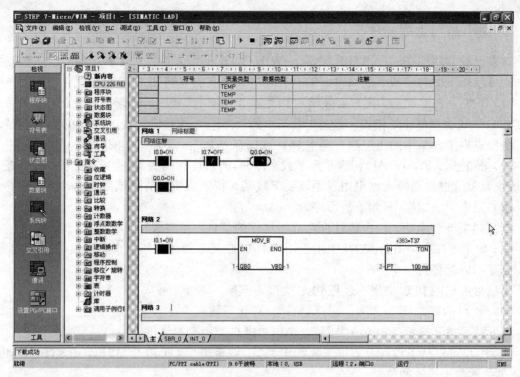

附图 F5.1

在"程序状态"下，某一处触点变为深色，表示该触点接通，能量流可以流过；某一处输出线圈变为深色，表示能量流流入该线圈，线圈有输出。

对于方框指令（如 MOVB 等），在"程序状态"下，输入操作数和输出操作数不再是地址，而是具体的数值（如 QB 为 1，VB 为 1）；定时器和计数器指令中的 T×× 或 C××× 显示实际的定时值和计数值（如 T37 显示为+383）。

请注意：当程序状态钮按下时，编辑操作无效，必须切换程序状态钮到关闭才能继续进行编辑。

F5.2 用"图状态"方式观察 CPU 的运行状态

此为"图状态"钮，用以切换接通（开始令图表内容连续从 PLC 更新）和关闭图表状态。接通图表状态，在地址栏输入需要监视和强迫的任何 PLC 内存或 I/O 地址，就可以看到该字节、字或双字中存储数值的"位"或者这个值的各个数制的表示。

例如，在以上项目文件中，打开状态图，在地址栏分别输入所要观察的各个变量的地址，并在格式栏中选定相应的格式，然后按下"图状态"钮，可以观察到各个变量的变化情况，如附图 F5.2 所示。

F5.3 用"趋势图"方式观察 CPU 的运行状态

Micro/WIN V4.0 提供了两种 PLC 变量在线查看方式：传统的状态表形式，以及新提供的状态趋势图形式。图形化的监控方式使用户更容易地观察各变量的变化关系。

按工具栏 按钮可以在状态表格形式与状态趋势查看方式之间切换。进入在线监控状态就可以查看实际参数。趋势图可以用状态图按钮 停止移动。

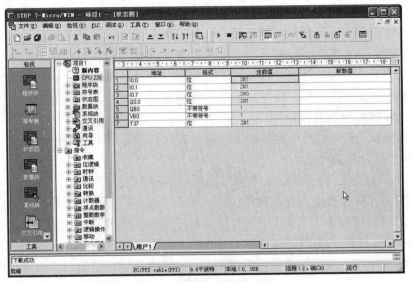

附图 F5.2

在趋势图中单击鼠标右键，在快捷菜单中可以设置图形更新的时基（速率）。在这里选择的速率仅是 Micro/WIN 图形刷新的速率，与实际的变量变化无关。

例如，在以上项目文件中，打开状态图，在地址栏分别输入所要观察的各个变量的地址，并在格式栏中选定相应的格式，然后先按下"趋势图"钮，再按下"状态图"钮，可以观察到各个变量的图形变化情况，如附图 F5.3 所示。

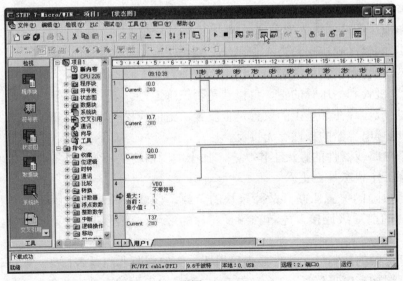

附图 F5.3

附录 G　如何判断实验电路中的故障

在电工电子实验中出现各种故障是难免的。通过对电路故障的分析、判断和排除的练习，能够逐步提高学生分析问题与解决问题的能力。

电工电子实验中出现故障的原因大致分为这几种：实验线路连接有错误；元器件接触不良或连接导线损坏；元器件、仪器仪表、实验装置等在使用时，与规定条件不符或初始值设定不合适。对于不同的电路故障，应采用不同的解决方法。而排除电路故障的关键是分析、判断电路故障的位置及其类型，以下按照不同的电路对常见故障进行分析。

1. 一般电路实验中的故障检测

（1）检查电源：首先检查电路中电源的极性和电压值是否与实验要求一致，然后检查电源是否正确地连接到电路中。

（2）查找断线故障：用万用表检查断线故障有两种方法。

◈ 通电检测：在接通电源的电路中，用万用表的电压挡测量一根导线两端的电压是否为 0 V，若导线两端的电压不为 0 V，则可判定这条导线为断线或接线柱接触不良。

◈ 断电检测：在断开电源的情况下，用万用表的电阻挡测量一根导线两端的电阻是否为 0 Ω。在正常情况下，一段导线的电阻应接近 0，若导线两端电阻值过大说明导线有问题，应更换导线。

（3）逐级跟踪检查：从电源或信号源依次逐点向后检查，也可以从电路输出端向前逐点检查，直到找到故障点为止。若电路是个比较大的系统，则应逐级或逐个模块地检查各点电平是否正确，各级信号的传输关系是否与设计要求相符。

（4）利用被测电量的理论计算值判断故障：在实验前预先计算出被测电量的理论值，在实验过程中，如果测量到的电量的数值与理论值相差很大，说明电路中有故障。

2. 电子电路中的故障

（1）检查元器件的引脚、极性及线路的连接是否正确。先不接通电源和输入信号，找到电路的电源和地、信号的输入端和输出端。

◈ 从信号的输入端逐级检查有无错接、漏接，有无接线松动、脱落。

◈ 检查三极管引脚是否接错。

◈ 检查二极管和稳压管的正、负极性是否正确连接。

◈ 检查集成芯片在插座上的位置是否反置、错位或松动、脱落。

◈ 检查电解电容器的极性有无接反。

（2）检查电路或器件的直流工作状态。加上电源后，先不接输入信号，利用仪器仪表检查电路的直流工作状态是否正确。

（3）判断故障的位置。断开故障模块的负载，判断故障来自电路本身还是负载。例如断开集成芯片的前后级连接，先单独测量芯片的好坏，若没问题，再考虑前、后级是否发生故障。

（4）检查可疑的故障处元器件是否已损坏。例如判断非门是否损坏：断开输出端的后级连接，在输入端加高电平信号（3.6 V 左右），测量输出端的电位应为低电平（≤0.3 V），否则门电路损坏。其他类型的门电路、触发器等可作相应的功能测试。

（5）利用替代法。采用一个好的元器件去替代原电路中可能损坏的元器件，将替代前、后的测量结果进行比较。

（6）若无论信号怎样变化，输出一直保持高电平不变，则可能集成芯片没有接地，或接地不良；若输出信号保持与输入信号同样规律变化，则可能集成芯片没有接电源。

3. 使用 TTL 逻辑电路的注意事项

（1）在电源接通的情况下不能插、拔集成芯片。

（2）TTL 逻辑电路多余的输入端尽量不要悬空，以免引入干扰。应根据其逻辑功能将多余输入端接低电平或高电平。

（3）TTL 逻辑门电路输出端不允许与电源或地相接，除三态门和 OC 门外，多个输出端不能短接使用，否则会损坏逻辑门电路。

（4）TTL 逻辑电路输入信号的幅值范围为：$-0.5 \sim +5.5\,V$。

电路中的故障还有许多，除了一般的分析判断方法外，还应注意在实践中不断地学习、总结，积累经验，增长才干。

参 考 文 献

[1] 秦曾煌. 电工学（第七版）[M]. 北京：高等教育出版社，2009.

[2] 李燕民. 电路和电子技术 [M].（第 2 版）. 北京：北京理工大学出版社，2010.

[3] 温照方. 电机与控制 [M].（第 2 版）. 北京：北京理工大学出版社，2010.

[4] 温照方. SIMATIC S7–200 可编程序控制器教程.[M].（第 2 版）. 北京：北京理工大学出版社，2010.

[5] 周惠潮. 常用电子元件及典型应用 [M]. 北京：电子工业出版社，2005.

[6] 毛兴武，祝大卫. 新型电子镇流器电路远离与设计 [M]. 北京：人民邮电出版社，2007.

[7] 黄智伟. 基于 Multisim 2001 的电子电路计算机仿真设计与分析 [M]. 北京：电子工业出版社，2004.

[8] 王辉. MAX + plusII 和 QuartusII 应用与开发技巧 [M]. 北京：机械工业出版社，2007.

[9] 西门子公司. SIMATIC S7-200 可编程序控制器 CPU22X 系统手册. 北京：西门子（中国）有限公司.

[10]《中国集成电路大全》编写委员会. 中国集成电路大全 TTL 集成电路 [M]. 北京：国防工业出版社，1985.